नौसंचालन उपग्रह प्रणाली- एक परिचय

लेखिका

डॉ. राजश्री विनोद बोथले

मुख पृष्ठ एवं पार्श्व पृष्ठ डिज़ाइन

अंतरिक्ष बोथले

साईन्टिफिक® पब्लिशर्स

मुद्रक

साईन्टिफिक पब्लिशर्स (इण्डिया)
5-ए, न्यू पाली रोड, पो. बा. नं. 91
जोधपुर-342 001 (राज.)
टेलिफोन : 0291-2433323
E-mail: info@scientificpub.com
Website : http://www.scientificpub.com

नई दिल्ली:
4806/24, अंसारी रोड, दरियागंज
नई दिल्ली-110002 (भारत)

ISBN: 978-81-96087-92-0
eISBN: 978-81-96087-90-6

भारत में मुद्रित

सोमनाथ. एस
SOMANATH. S

सत्यमेव जयते
भारत सरकार
GOVERNMENT OF INDIA

अध्यक्ष, अंतरिक्ष आयोग
व
सचिव, अन्तरिक्ष विभाग
Chairman, Space Commission
&
Secretary, Department of Space

प्रस्तावना

भारतीय अंतरिक्ष अनुसंधान संगठन जनहित के लिए अपने अंतरिक्ष कार्यक्रमों की परिकल्पना तैयार करता है। जब दुनिया में लोग एक दूसरे से होड़ लगाते हुए अंतरिक्ष कार्यक्रम तैयार कर रहे थे, तब अंतरिक्ष विभाग ने लोगों के हितार्थ अपने अंतरिक्ष कार्यक्रमों का शुभारंभ किया। आज भी हर प्रमोचन के पीछे जनहित या विशेष अन्वेषण का महत्व होता है। इसरो का एकमात्र लक्ष्य है कि प्रतिस्पर्धा के इस दौर में भारत किसी राष्ट्र से पीछे न रहे और हमारी जनता भी हमारे कार्यक्रमों का लाभ उठाती रहे। इनमें से एक है नौसंचालन। हाल ही में जी.एस.एल.वी.-मार्क-III के वनवेब इंडिया मिशन में भी 36 नौसंचालन उपग्रहों का प्रमोचन सतीश धवन अंतरिक्ष केंद्र द्वारा किया गया। भारत के इतिहास में यह पहला ऐसा मिशन है, जिसके बाद भारत ने अंतरिक्ष कार्यक्रम के उत्तरोत्तर विकास में एक और छलांग लगाई है। ऐसे अवसर पर डॉ. राजश्री विनोद बोथले द्वारा लिखित पुस्तक "नौसंचालन उपग्रह प्रणाली - एक परिचय" आम जनता के लिए काफी उपयोगी साबित होगी। इस पुस्तक में लेखिका द्वारा नौसंचालन विषय पर केंद्रित विविध उपयोगी सामग्री छात्रों के लाभ के लिए तैयार की गई है। आशा है कि छात्र इसका भरपूर लाभ उठाएंगे। मैं चाहता हूँ कि देश के वैज्ञानिक हमारी तकनीक एवं प्रौद्योगिकियों के विविध विषयों पर इसी प्रकार पुस्तकें लिखें ताकि हमारा तकनीकी साहित्य भी समृद्ध हो। मैं डॉ. राजश्री को हार्दिक बधाई देता हूँ।

सोमनाथ

(एस. सोमनाथ)

अन्तरिक्ष भवन, न्यू बी ई एल रोड, बेंगलूर – 560 094. भारत
दूरभाष : +91-80-2341 5241, 2217 2333 • फैक्स : +91-80-2341 5328, 2351 8551
Antariksh Bhavan, New BEL Road, Bangalore - 560 094, India.
Telephone : +91-80-2341 5241, 2217 2333 • Fax : +91-80-2341 5328, 2351 8551 • e-mail : secydos@isro.gov.in / chairman@isro.gov.in

भारत सरकार
अन्तरिक्ष विभाग
राष्ट्रीय सुदूर संवेदन केन्द्र
बालानगर, हैदराबाद-500 037, तेलंगाना, भारत
टेलिफोन : +91 40 23884001 / 04

Government of India
Department of Space
National Remote Sensing Centre
Balanagar, Hyderabad-500 037, Telangana, India
Telephone: +91 40 23884001 / 04

डॉ. प्रकाश चौहान / Dr. Prakash Chauhan
उत्कृष्ट वैज्ञानिक & निदेशक
Outstanding Scientist & Director

दो शब्द

यह बड़े हर्ष की बात है कि "नौसंचालन उपग्रह प्रणाली" जैसे जटिल विषय पर एक जानकारी वाली पुस्तक हिन्दी में लिखी गई है। डॉ. राजश्री विनोद बोथले द्वारा लिखित पुस्तक "नौसंचालन उपग्रह प्रणाली - एक परिचय" का लोकार्पण किया जा रहा है। विक्रम साराभाई मौलिक पुस्तक लेखन योजना के अंतर्गत लिखी यह पुस्तक उन वैज्ञानिकों के लिए एक प्रेरणा बन सकती है जो तकनीकी जानकारी को सरल भाषा में सभी तक पहुंचाना चाहते हैं। राजभाषा विभाग की ऐसी प्रोत्साहनवर्धक योजनाएं, हमारे वैज्ञानिकों को हिन्दी में शोध कार्य प्रस्तुत करने का उत्साह देती हैं। नौसंचालन उपग्रहों ने हमारे जीवन की गतिविधियों को सरल और सुगम बना दिया है। पुस्तक में उपग्रह नौसंचालन से संबंधित कई जानकारियों को समाहित किया गया है।

इसके पूर्व में भी डॉ राजश्री द्वारा सरल बातचीत की भाषा में लिखी पुस्तक "अंतरिक्ष एक खोज" का प्रकाशन विभाग के द्वारा किया गया था। मैं डॉ. राजश्री को हार्दिक शुभकामनाएं देता हूं तथा आशा करता हूँ कि वे भविष्य में भी इसी प्रकार से सरल भाषा में अन्य तकनीकी विषयों पर किताबें लिखेंगी।

(प्रकाश चौहान) 9/12

लेखिका की कलम से

बहुत वर्षों पहले मुझे जीपीएस और उसकी कार्य प्रणाली पर व्याख्यान देने के लिए बुलाया गया था। उस समय इस विषय को पढ़ा। जीपीएस का उपयोग भी चारों ओर देखा। विषय कुछ जटिल-सा प्रतीत हुआ, तभी मन में विचार आया कि क्यों न इस विषय पर हिन्दी में सरल भाषा का प्रयोग कर लिखा जाए ताकि जन साधारण तक इस विषय की जानकारी पहुँच सके। दो वर्षों के बाद पुस्तक अपने वर्तमान स्वरूप में आई।

इस पुस्तक का मुख्य उद्देश्य एक जटिल तकनीकी जानकारी को सरल भाषा में सभी तक पहुँचाना है। आमतौर पर वैज्ञानिकों द्वारा विकसित तकनीक का उपयोग आम जनता तक पहुँच नहीं पाता है क्योंकि इनसे जुड़ा साहित्य उनकी अपनी भाषा में तैयार नहीं किया जाता है। इस पुस्तक के माध्यम से मैंने एक प्रयास किया है कि नौसंचालन जैसी प्रसिद्ध प्रौद्योगिकी को उसके इतिहास से लेकर प्रारंभ तक, उपग्रह नौसंचालन से संबंधित सभी विषयों का इस पुस्तक में उल्लेख एवं वर्णन कर सकें। इस प्रणाली को समझने के लिए लगने वाली जानकारियाँ जैसे उपग्रह कक्ष की गतिशीलता, निर्देशांक प्रणाली, मानचित्र प्रक्षेपण आदि का विस्तृत उल्लेख यहाँ पर किया गया है।

भारतीय उपग्रह नौसंचालन प्रणाली आईआरएनएसएस पर एक पूर्ण अध्याय है जो संबंधित जानकारी पाठक तक पहुँचाता है। वैश्विक स्तर पर उपलब्ध नौसंचालन प्रणालियों का भी वर्णन किया है।

मैं श्री एस. सोमनाथ, अध्यक्ष, अंतरिक्ष विभाग का आभार व्यक्त करना चाहूँगी जिन्होंने इस पुस्तक की प्रस्तावना लिखी। अंतरिक्ष विभाग की मौलिक पुस्तक लेखन योजना के तहत इस पुस्तक का प्रकाशन हुआ है। डॉ. प्रकाश चौहान, निदेशक, एनआरएससी के मार्गदर्शन के कारण यह पुस्तक छप कर आप सबके सामने है।

इस पुस्तक के प्रकाशन में बहुत लोगों का साथ मिला है। मैं आभारी हूँ मीनाक्षी सक्सेना और एनआरएससी की कमेटी का जिन्होंने पूरी तन्मयता से पुस्तक का एक-एक पेज पढ़ा और पुस्तक को और प्रभावशाली बनाने के लिए सुझाव दिए।

पुस्तक के आवरण पृष्ठ के लिए मैं मेरे बेटे अंतरिक्ष बोथले की आभारी हूँ। रात्रि आकाश में खींचे हुए उसके ये दोनों चित्र हमें विशाल प्रकृति से जोड़ते हैं और आकाशगंगा से परिचय कराते हैं।

मेरे पति श्री विनोद बोथले और मेरे भाई डॉ. शांतिस्वरूप को धन्यवाद दिए बिना इस पुस्तक का प्रकाशन हो ही नहीं सकता जिन्होंने समय-समय पर पुस्तक को देखते, परखते हुए आलोचनात्मक टिप्पणियों से मेरा मार्गदर्शन किया।

इस पुस्तक को मैं मेरे पिता डॉ. जे. डी. देशमुख को समर्पित करती हूँ, जो इसे हाथ में लेकर पढ़ने के लिए हमारे बीच नहीं हैं पर, जिनका मार्गदर्शन, सीख और आशीर्वाद मुझे आज इस स्थान पर लाया है।

डॉ. राजश्री विनोद बोथले

अनुक्रमणिका

सारणी का विवरण

चित्रों का विवरण

कुछ अंग्रेजी शब्दों का हिंदी अनुवाद

हिंदी शब्द	अंग्रेजी शब्द
त्वरण	Acceleration
भारतीय विमान पत्तन प्राधिकरण (एएआई)	Airport Authority of India (AAI)
समायोजन	Adjustment
सूचनाकोश	Almanac
विश्लेषणात्मक	Analytical
एंटी स्पूफिंग	Ante Spoofing
खड़ी पहुँच मार्गदर्शन (एपीवी)	शीर्ष मार्गदर्शन के लिए दृष्टि कोण (AVP)
क्षेत्रफल	Area
दिगंशीय, जेनिथल	Azimathal, Zenithal
दिगंश	Azimuth
बिग डिपर तारामंडल	Big Dipper Constellation
ब्लाइंड टेक-ऑफ	Blind takeoff
वाहक संकेत	Carrier signal
अपकेंद्री बल	Centrifugal Force
चोकरिंग एंटीना	Chokering antenna
वृत्ताकार ध्रुवीकरण	Circular Polarisation
वर्गीकरण	Classification
समाक्षीय	Coaxial
कोड डिवीजन बहु-अभिगम (सीडीएमए)	Code Division Multiple Access (CDMA)
वाणिज्यिक नौसंचालन	Commercial Service (CS)
शांकव	Conic
नियंत्रण खंड	Control Segment
नियंत्रक	Controller
निर्देशांक	Coordinate
निर्देशांक प्रणाली	Coordinate system
निर्देशांक परिवर्तन	Coordinate Transformation
सुधार और सत्यापन उप-प्रणाली (सी व वीएस)	Correction and Verification Subsystem (C & VS)

हिंदी शब्द	अंग्रेजी शब्द
अपरिष्कृत अभिग्रहण	Course-Acquisition C/A
बेलनाकार	Cylindrical
आँकड़े संचार उप प्रणाली (डीसीएसएस)	Data Communications Subsystem (DCSS)
डैटम	Datum
अखगोली निर्धारण	Dead Reckoning
अ-सहसंबंध	De-correlation
डिग्री	Degree
अंतर संबंधी	Differential
अंतर संबंधी जीपीएस (डीजीपीएस)	Differential GPS (DGPS)
दिशा	Direction
दिशात्मक	Directional
प्रदर्शन	Display
दूरी मापन उपकरण (डीएमई)	Distance Measuring Equipment (DME)
विरूपण	Distortion
पृथ्वी केंद्रित, पृथ्वी नियत (ईसीईएफ)	Earth Centered, Earth Fixed (ECEF)
पूर्व-उत्तर-ऊपर (एएनयू)	East-North-Up (ENU)
असमानताया विकेंद्रता	Eccentricity
दीर्घवृत्ताभ	Ellipsoid
गोपनीय सटीकता	Encrypted precision
इफिमेरिस	Ephemeris
भूमध्य रेखा	Equator
भूमध्यरेखीय तल	Equatorial plane
यूरोपियन भूस्थिर नौसंचालन अधिचित्रण सेवा (ईजीएनओएस)	European Geostationary Navigation Overlay Service (EGNOS)
पदचिन्ह	Foot Print
आवृत्ति	Frequency
आवृत्ति विभाजन बहु अभिगम प्रौद्योगिकी	Frequency Division Multiple Access
गैलीलियो समय प्रणाली (जीएसटी)	Galileo System Time (GST)
गैलिलियो इनऑर्बिट वैधीकरण अवयव	Galilio Inorbit Validation Element
भू-केंद्रित	Geocentric
भू-गणितीय	Geodetic

हिंदी शब्द	अंग्रेजी शब्द
भौगोलिक सूचना प्रणाली (जीआईएस)	Geographical Information System
जीऑयड	Geoid
परिशुद्ध ज्यामितीय परिचलन (जीडीओपी)	Geometric Dilution of Precision (GDOP)
वैश्विक	Global
वैश्विक नौसंचालन उपग्रह प्रणाली (जीएनएसएस)	Global Navigation Satellite System (GNSS)
सार्वभौमिक स्थिति निर्धारण तंत्र (जीपीएस)	Global Positioning System (GPS)
जीपीएस समर्थित भू-संवर्धित नौसंचालन (गगन)	GPS Aided GEO Augmented Navigation (Gagan)
गुरुत्वाकर्षण बल (सेंट्रिपेटल)	Gravitational Force (Centripetal)
ग्रिड क्षेत्र	Gridzone
हस्तचालित अभिग्राही एंटीना	Handheld receiver antenna
कुंडली एंटीना	Helix antenna
प्रतिबाधा	Impedance
झुकाव	Inclination
भारतीय नौसंचालन भूमि पृथ्वी अपलिंक स्टेशन (आईएनएलयूएस)	Indian Navigation Land Earth Uplink Station (INLUS)
भारतीय क्षेत्रीय नौसंचालन उपग्रह प्रणाली (आईआरएनएसएस)	Indian Regional Navigation Satellite System (IRNSS)
भारतीय अंतरिक्ष अनुसंधान संगठन (इसरो)	Indian Space Research Organisation
कारक दृष्टिकोण	Instrument approach
अंतरफलक	Interface
अंतर्राष्ट्रीय परमाणु समय (टीएआई)	International Atomic ज्पउम (TAI)
अंतर्राष्ट्रीय खगोलीय संदर्भ फ्रेम (आईसीआरएफ)	International Celestial Reference Frame (ICRF)
अंतर्राष्ट्रीय पृथ्वी घूर्णन और संदर्भ प्रणाली सेवा (आईईआरएस)	International Earth Rotation and Reference Systems Service (IERS)
अंतर्राष्ट्रीय दूरसंचार संघ (आईटीयू)	International Telecommunication Union (ITU)
अंतर्राष्ट्रीय स्थलीय संदर्भ फ्रेम (आईटीआरएफ)	International Terrestrial Reference Frame (ITRF)
अंतर्राष्ट्रीय स्थलीय संदर्भ प्रणाली (आईटीआरएस)	International Terrestrial Reference System (ITRS)

हिंदी शब्द	अंग्रेजी शब्द
प्रतिच्छेदन	Intersection
आयनमंडल	Ionosphere
आईआरएनएसएस सीडीएमए रेंजिंग स्टेशन (आईआरसीडीआर)	IRNSS CDMA Ranging Stations (IRCDR)
आईआरएनएसएस डाटा कम्युनिकेशन नेटवर्क (आईआरडीसीएन)	IRNSS Data Communication Network (IRDCN)
आईआरएनएसएस नेटवर्क टाइमिंग केन्द्र (आईआरएनडब्ल्यूटी)	IRNSS Network Timing Centre (IRNWT)
आईआरएनएसएस सीमा और अखंडता निगरानी स्टेशन (आईआरएमएस)	IRNSS Range and Integrity Monitoring Stations (IRIMS)
आईआरएनएसएस अंतरिक्ष यान नियंत्रण सुविधा (आईआरएससीएफ)	IRNSS Spacecraft Control Facility (IRSCF)
इसरो नौसंचालन केंद्र (आईएनसी)	ISRO Navigation Centre (INC)
पुनरावृत्तीय	Iteratively
कुंजीपटल	Keyboard
लेजर रेंजिंग स्टेशन (आईएलआरएस)	Laser Ranging Stations (IRLRS)
अक्षांश	Latitude
देशांतर या रेखांश	longitude
लोरान दीर्घ सीमा नौसंचालन	LORAN Long Range Navigation
निम्न आवृत्ति रेडियो सीमा (एलएफआर)	Low Frequency Radio Range (LFR)
निम्न रव प्रवर्धक (एलएनए)	Low-Noise Amplifier (LNA)
परिमाण	Magnitude
मुख्य नियंत्रण सुविधा (एमसीएफ)	Master Control Facility (MCF)
बहु-मोड अभिग्राही (एमएमआर)	Multi Mode Reciever
बहु-प्रक्रिया उपग्रह संवर्धन प्रणाली (एमएसएएस)	Multi-functional Satellite Augmentation System (MSAS)
बहु-पथ	Multipath
बहु-भागी	Multiplex
बहु-संकेतन	Multiplexing
अंतरिक्ष प्रौद्योगिकी के लिए नौसेना केंद्र (एनसीएसटी)	Naval Center for Space Technology (NCST)
नौसेना शोध प्रयोगशाला (एनआरएल)	Naval Research Laboratory (NRL)

हिंदी शब्द	अंग्रेजी शब्द
नौसंचालन	Navigation
नौसंचालन प्रौद्योगिकी उपग्रह-1 (एनटीएस-1)	Navigation Technology Satellite-1 (NTS-1)
नौसंचालन उपग्रह समय एवं सीमा (नवस्टार) ग्लोबल जीपीएस	*Navigation* Satellite Time and Ranging *(NAVSTAR) Global GPS*
रव	Noise
मुक्त सेवा	Open Service (OS)
संचालन और रखरखाव उप-प्रणाली (ओएमएसएस)	Operation & Maintenance Subsystem (OMSS)
कक्ष	Orbit
धुरी	Origin
अधिव्यापन	Overlap
परवलीय (पैराबोलिक) एंटीना	Parabolic antenna
पेरिजी	Perigee
सामयिक	Periodic
लम्बवत्	Perpendicular
परिप्रेक्ष्य	Perspective
चरणबद्ध श्रेणी एंटीना	Phased antenna
साहुल सूत्र	Plumb Line
बहु-शंकु प्रक्षेपण	Polyconic projection
स्थिति, वेग और समय (पीवीटी)	Position, Velocity & Time (PVT)
सटीक स्थिति निर्धारण सेवा (पीपीएस)	Precise Positioning Service (PPS)
संसाधन	Processing
प्रक्षेपण	Projection
छद्म	Pseudo
सूडो रैंडम रव अनुक्रम	Pseudo Random Noise Sequence
छद्म दूरी	Pseudo-range
सार्वजनिक विनयमित सेवा (पीआरएस)	Public Regulated Service (PRS)
क्वाजी जेनिथ उपग्रह प्रणाली (क्यूजेडएसएस)	Quazi Zenith Satellite system (QZSS)
रेडियो दिशा खोजक (आरडीएफ)	Radio Direction Finder (RDF)
त्रिज्या	Radius

हिंदी शब्द	अंग्रेजी शब्द
रेडोम एंटीना	Radome antenna
अभिग्राही	Receiver
आवश्यक नौसंचालन निष्पादन (आरएनपी)	Required Navigation Performance (RNP)
अनुनाद प्रभाव	Resonance effect
दाएँ हाथ का वृत्ताकार ध्रुवीकरण	Right Handed Circular polarization
जीवन सुरक्षा (एसओएल)	Safety of Life (SOL)
उपग्रह	Satellite
उपग्रह आधारित संवर्धन प्रणाली (एसबीएएस)	Satellite Based Agumentation System (SBAS)
उपग्रह नौसंचालन संवर्धन प्रणाली (एसएनएएस)	Satellite Navigation Augmentation System (SNAS)
पैमाना	Scale
खोज और बचाव	Search And Rescue (SAR)
खंड	Segment
चयनात्मक उपलब्धता	Selective Availability
अनुक्रमिक	Sequential
सेवा निगरानी उप–प्रणाली (एसएमएस)	Service Monitoring Subsystem (SMS)
आकार	Shape
अंतरिक्ष खंड	Space Segment
सर्पिल एंटीना	Spiral antenna
स्थिर	Stable
मानक मध्यरेखा	Standard Meridian
मानक स्थिति निर्धारण सेवा (एसपीएस)	Standard Positioning Service (SPS)
समक्रमिक	Synchonised
तुल्यकालन	Synchronisation
विभेदक सुधार एवं निगरानी के लिए प्रणाली (एसडीसीएम)	System for Differential Corrections and Monitoring (SDCM)
स्पर्श रेखीय	Tangent
स्थलीय संदर्भ फ्रेम	Terrestrial Reference Frame
हफ्ते का समय	Time of Week (TOW)
सबसे पहली स्थिति सुनिश्चित करने का समय (टीटीएफ)	Time to first fix (TTF)

हिंदी शब्द	अंग्रेजी शब्द
भौगोलिक लक्षण	Topographical Features
कुल इलेक्ट्रॉन की गणना (टीईसी)	Total Electron Count (TEC)
क्षोभमण्डल	Troposphere
द्वि-आयामी	Two Dimension
अल्ट्रा उच्च आवृत्ति	UHF (Ultra High Frequency)
यूनिवर्सल ट्रांसवर्स मर्केटर (यूटीएम)	Universal Transverse Mercator (UTM)
अद्यतन	Update
प्रयोक्ता खंड	User Segment
अति उच्च आवृत्ति (वीएचएफ) सर्व दिशात्मक सीमा (वीओआर)	Very High Frequency (VHF) Omni-Directional Range (VOR)
हफ्ता नंबर	Week Number (WN)
डबल्यूजीएस 84	WGS-84
बृहत क्षेत्र संवर्धन प्रणाली (डबल्यूएएएस)	Wide Area Augmentation System (WAAS)

अध्याय-1

नौसंचालन-इतिहास

नौसंचालन उचित दिशा में जाने की वह कला है, जो गंतव्य तक जाने में हमारी सहायता करती है। इसमें सबसे पहले अपनी सही स्थिति जानने की आवश्यकता होती है और फिर कहाँ जाना है उस पर निर्णय लिया जाता है। प्रागैतिहासिक काल में भी नौसंचालन की कला प्राचीन रूप में अस्तित्त्व में थी।

नौसंचालन या नेविगेशन वह विषय है जिसमें जहाज या गाड़ियों के आवागमन की प्रक्रिया और उनके नियंत्रण का अध्ययन किया जाता है। इसके चार मुख्य घटक होते हैं–जमीनी नौसंचालन, समुद्री नौसंचालन, हवाई नौसंचालन और अंतरिक्ष नौसंचालन। यह एक ऐसी कला है जिसके द्वारा नौसंचालक संबंधित नौसंचालन का कार्य करते हैं और स्थिति तथा दिशा का सही-सही पता लगाते हैं।

नौसंचालन का इतिहास बहुत पुराना है। हमारे पूर्वजों को राह भटकने से बचने तथा एक स्थान से दूसरे स्थान तक जाने के लिए कई प्रयास करने पड़ते थे। वे बड़े-बड़े स्मारक बनाते थे, विस्तृत नक्शे बनाते थे और रात्रिकाल में तारों के अध्ययन से दिशा निर्धारण करते थे।

1.1 पाषाण युग

नौसंचालन में प्रागैतिहासिक काल के दौरान (करीबन 34 लाख वर्ष पूर्व) पत्थरों का बहुतायत में प्रयोग होता था। पत्थरों, पहाड़ और पेड़ों की सहायता से दिशा निर्देश बनाए जाते थे। पत्थरों की पगडंडी बना कर रास्तों की पहचान की जाती थी, लेकिन यह केवल स्थानीय क्षेत्र के दिशा निर्देश के लिए ही संभव था और कोई भी पर्यावरणीय कारण जैसे प्राकृतिक आपदा के आने से ये निशान बदलने की और स्थान से हिल जाने की संभावना रहती थी।

चित्र 1.1: पाषाण युग और तारों का युग

1.2 तारों का युग

पत्थरों का उपयोग जमीनी नौसंचालन में होता था, लेकिन समुद्र में दिशा निर्देश के लिए लोगों ने सितारों का प्रयोग प्रारंभ किया। विभिन्न स्थानों से अलग-अलग दिखने वाले सितारों की स्थिति के अध्ययन, अवलोकन और विश्लेषण से नाविकों को दिशा निर्देश मिलते थे। कई सौ वर्षों तक आकाशीय नौसंचालन ही स्थिति ज्ञात करने का प्राथमिक साधन था। त्रिकोणीय पद्धति द्वारा सितारों के मध्य का कोण नापना एक जटिल और समय लगने वाला कार्य था। मापन की परिशुद्धता भी कम थी। इस तरह का नौसंचालन रात में जब मौसम साफ हो तभी संभव था। समुद्र में जहाज की स्थिति पता करने के लिए (Dead Reckoning) (स्थिति का अंदाजा लगाना) स्थिति निर्धारण पद्धति का प्रयोग किया जाता था, जिसमें जहाज की पूर्व स्थिति, चलने की दिशा और गति का प्रयोग कर नई स्थिति की गणना की जाती थी। इस पद्धति से सही गणना होती है बशर्ते गति, दिशा और मूल स्थान की जानकारी सही हो।

14-16वीं शताब्दी में अक्षांश की गणना के लिए इजीप्शियन ग्रोमा, क्रॉस स्टाफ, एस्ट्रोलेबल और ट्रेवर्स बोर्ड का प्रयोग किया जाता था। गति की गणना के लिए स्थिति निर्धारण (डेड रिकोनिंग) पद्धति का ही उपयोग करते थे और दिशा के लिए कम्पास का उपयोग होता था (चित्र 1.2)।

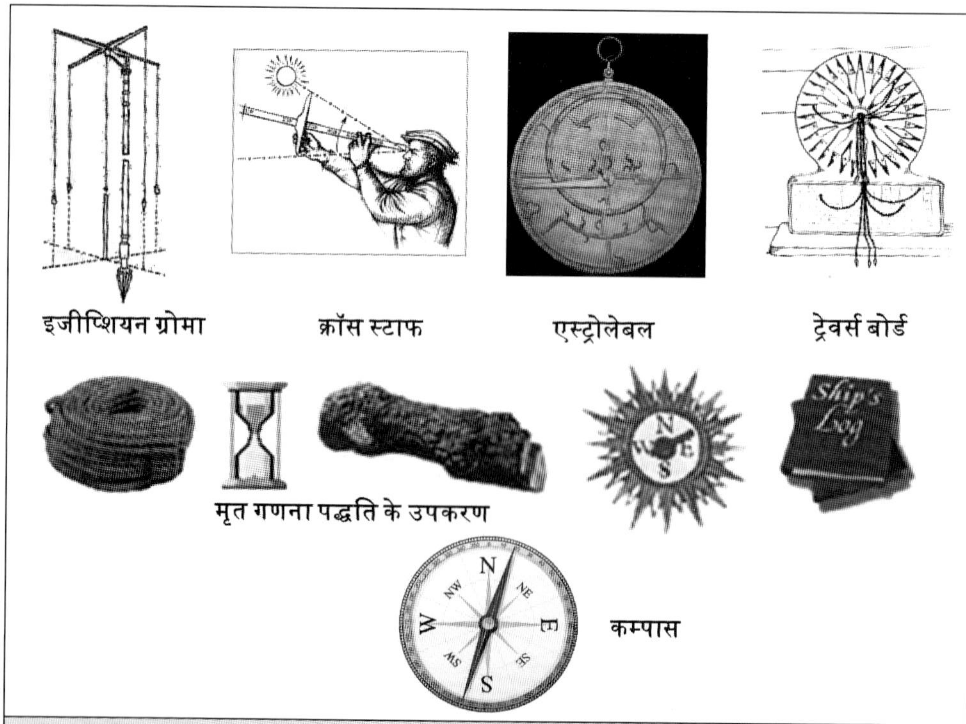

चित्र 1.2: 14-16वीं शताब्दी में प्रयुक्त होने वाले उपकरण

17वीं शताब्दी में रेखांश की गणना के लिए क्रोनोमीटर, सेक्सटंट और रोज कम्पास (दिक् सूचक) का प्रयोग किया गया (चित्र 1.3)।

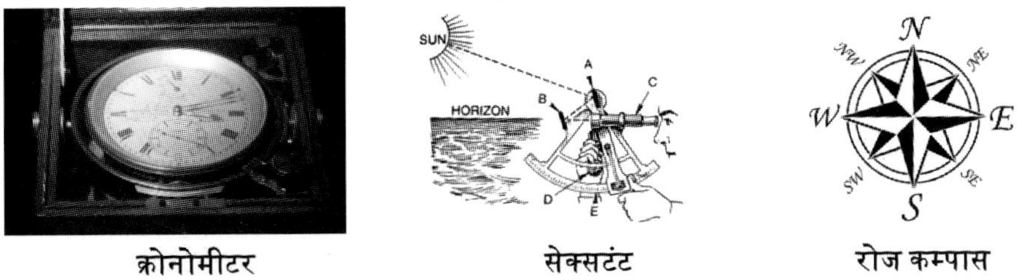

चित्र 1.3: 17वीं शताब्दी में प्रयुक्त होने वाले रेखांश की गणना वाले उपकरण

1.3 रेडियो नौसंचालन

20वीं सदी के आस-पास जमीन पर स्थित रेडियो नौसंचालन का प्रचालन हुआ। एक टावर, जिसकी स्थिति पता होने पर उससे दूरी के आधार पर अंजान स्थान का पता लगाया जाता था। एक से अधिक मीनारों का प्रयोग कर बहुत सटीक स्थिति का पता चलता है। रेडियो नौसंचालन एक परिपक्व पद्धति होने के बावजूद इसमें कई कमियाँ थीं। लोरान (LORAN) – लंबी दूरी का नौसंचालन, रेडियो संचालन का एक प्रकार है जो करीबन 800 किलोमीटर तक 250 मीटर की परिशुद्धता से सभी मौसम में कार्य कर सकता था। यह वैश्विक पद्धति नहीं थी और केवल जमीन पर ही कार्य कर सकती थी। इस पद्धति में ऊँचाई की गणना न होने के कारण किसी स्थान की द्वि-आयामी स्थिति के बारे में ही पता चल सकता था। स्थान की भौगोलिक स्थिति भी इसकी परिशुद्धता को प्रभावित करती थी तथा इसमें प्रयुक्त उच्च आवृत्ति से सटीकता मिलती थी, परंतु उसके लिए प्रयोक्ता को दृष्टि रेखा में ही रहना पड़ता था। पहली वैश्विक नौसंचालन प्रणाली ओमेगा थी जो एक भूमि आधारित प्रणाली थी और जिसका प्रयोग 1997 में बंद कर दिया गया।

रेडियो नौसंचालन मुख्य चार तरह से किया जाता था।

1.3.1 कोण मापन पद्धति

इस पद्धति में प्रसारण स्टेशन के स्थान का निर्धारण करने के लिए एक तरह के दिशात्मक रेडियो एंटीना का प्रयोग किया जाता था। प्रथम विश्व युद्ध के पहले इसका उपयोग प्रारंभ हुआ था और अभी भी यह प्रयोग में आ रहा है। रेडियो दिशा खोजक (आरडीएफ़) इसी का उदाहरण है, जिसमें एक रेडियो स्टेशन को ट्यून करके एंटीना को घुमाया जाता है ताकि स्टेशन की दिशा का पता चल सके। दूसरे मापन में किसी दूसरे स्टेशन का साथ में प्रयोग कर दो दिशाओं द्वारा स्थिति निर्धारित की जाती है। त्रिकोणीकरण का उपयोग करते हुए, दो दिशाओं को एक मानचित्र पर प्लॉट किया जा सकता है जहाँ उनके कटाव से नाविक के स्थान का पता चलता है। वीएचएफ दिशा रेंज भी कोण मापन पद्धति का ही एक प्रकार है। वीएचएफ सर्वदिशात्मक श्रेणी अथवा वीओआर, रिवर्स-आरडीएफ प्रणाली पर लागू होता

है, लेकिन यह अधिक सटीक है और पूरी तरह से स्वचालित होता है। वीओआर स्टेशन एक वीएचएफ कैरियर पर दो ऑडियो संकेत भेजता है। पहला संकेत 1020 हर्ट्ज पर भेजा जाता है जिसे मोर्स कोड कहते हैं, वह दो स्टेशन को चिह्नित करता है। दूसरा संकेत एक निरंतर ऑडियो संकेत है जो 9960 हर्ट्ज पर सभी दिशाओं में भेजा जाता है।

1.3.2 बीम पद्धति

इस पद्धति में आकाश में संकीर्ण संकेतों का प्रसारण किया जाता था जिसमें नौसंचालन पाने के लिए विमानों को संकेत किरणों के मध्य रखा जाता था। कई स्टेशनों के प्रयोग से संकेतों का एक मार्ग तैयार होता था और इससे दिशा निर्देश केवल बीम के अंदर मिलते थे। कम आवृत्ति रेडियो रेंज (एलएफ़आर) और जर्मनी में विकसित लोरेंज, बीम पद्धति का ही उदाहरण हैं।

1.3.3 ट्रांसपॉन्डर प्रणाली

इस प्रणाली में दिशा या दूरी के दो माप के द्वारा स्थिति निर्धारित की जाती थी। 1930 में रडार के अविष्कार के बाद दूरी नापना आसान हो गया था। लंबी दूरी भी इसके द्वारा आसानी से नापी जाने लगी। पुरानी रडार प्रणाली में एक बड़ा ट्रांसमीटर और कई रिसीवर (अभिग्राही) रहते थे, जिसमें समय-समय पर एंटीना के माध्यम से ट्रांसमीटर एक शक्तिशाली रेडियो संकेत भेजता था। बाद में ट्रांसपॉन्डर का प्रयोग होने लगा जो ट्रांसमीटर (प्रेक्षक) और अभिग्राही का सम्मिश्र थे। बोम्बिंग प्रणाली, बीकन और दूरी नापने वाले यंत्र (डीएमई) इसके उदाहरण हैं।

1.3.4 हाइपरबोलिक नौसंचालन प्रणाली

यह ट्रांसपॉन्डर प्रणाली का विकसित रूप है जिसमें हवा में ट्रांसपॉन्डर रखने की आवश्यकता नहीं है। इस पद्धति में एक दिशा या कोण के स्थान पर अंतरिक्ष में हाइपरबोलिक रेखा पर स्थिति दिखाई जाती है। द्वितीय विश्वयुद्ध से जीपीएस के अविष्कार तक यह प्रणाली उन्नत नौसंचालन के रूप में उपयोग में आती रही। गी, लोरान और डेका प्रणालियाँ इसके उदाहरण हैं।

रेडियो नौसंचालन में प्रयुक्त आने वाली आवृत्तियाँ चित्र 1.4 में दर्शायी गई हैं।

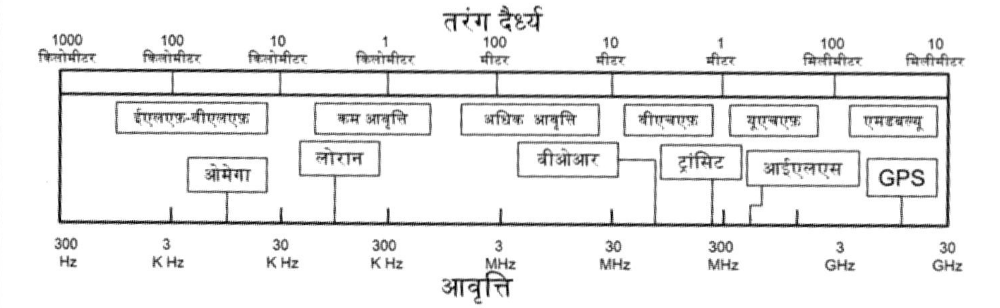

चित्र 1.4: रेडियो संचालन में प्रयुक्त आवृत्तियाँ

सारणी 1.1 में दी गई प्रणालियाँ इसके कुछ प्रमुख उदाहरण हैं –

सारणी 1.1: रेडियो संचालन की प्रणालियाँ

	प्रणाली	देश	आवृत्ति	विधि	विशेषता
1	Gee	ब्रिटिश	वीएचएफ	जमीनी प्रेक्षकों के कंपन के आगमन के मध्य समय अंतर का मापन	कम दूरी में 150 मीटर तक तथा लंबी दूरी में 1.6 कि.मी. परिशुद्धता
2	Loran-A	यूएसए	1850 KHz–1950 KHz	फेज तुलना	कम आवृत्ति, अधिक दूरी, कम परिशुद्धता
3	Decca	यूके	कम आवृत्ति	फेज तुलना, निरंतर संकेत (फेज विलंब)	1990 तक प्रयोग में
4	Loran-C	यूएसए	100 KHz	फेज तुलना और कंपन समय का सम्मिश्रण	460 मीटर, उपयोग में जटिल होने के बावजूद 80 और 90 के दशक में प्रयुक्त होने वाली लोकप्रिय प्रणाली
5	ओमेगा	यूएसए	10-14 KHz	एक संकेत की स्थानीय परमाणु घड़ी के साथ तुलना	3 – 6 किलोमीटर के साथ वैश्विक उपलब्धता

अध्याय-2

उपग्रह नौसंचालन

सन् 1960 से नौसंचालन में उपग्रहों का उपयोग होने लगा। इसमें अंतरिक्ष यान में दूरी नापने वाले उपकरण लगाए जाने लगे। चूंकि उपग्रह अपनी कक्षा में घूमते हैं इसलिए गणना में उपग्रह की स्थिति का पता लगाना भी आवश्यक हो गया।

उपग्रह नौसंचालन प्रणाली एक ऐसी प्रणाली है जो उपग्रह के उपयोग से भू-स्थानिक स्थिति प्रदान करती है यानि प्रयोक्ता को नौसंचालन आँकड़े जैसे स्थिति, गति और समय प्रदान करती है। इस प्रणाली में उपग्रह स्थित रेडियो द्वारा दृष्टिरेखा में भेजे गए समय संकेतों का प्रयोग कर छोटे-छोटे इलेक्ट्रॉनिक अभिग्राही के द्वारा किसी भी स्थान का अक्षांश, देशांतर और ऊँचाई का अति परिशुद्धता से निर्धारण होता है। इस प्रणाली का उपयोग नौसंचालन के लिए या अभिग्राही युक्त वस्तु पर निगरानी रखने के लिए किया जा सकता है। संकेतों द्वारा अभिग्राही उच्च परिशुद्धता के साथ वर्तमान स्थानीय समय की गणना भी कर सकते हैं, जिसके कारण समय तुल्यकालन (Synchronisation) संभव होता है। सैटनव (उपग्रह नौसंचालन) प्रणाली टेलीफ़ोन या इंटरनेट पर पराश्रित नहीं, बल्कि स्वतंत्र प्रणाली है। वैश्विक नौसंचालन उपग्रह प्रणाली (जीएनएसएस) एक ऐसी नौसंचालन उपग्रह प्रणाली है जिसमें अंतरिक्ष से संकेत भेजने वाले उपग्रहों का समूह है, जिनका कार्यक्षेत्र पूरा विश्व है। वर्तमान में अमेरिका का NAVSTAR वैश्विक स्थिति निर्धारण प्रणाली (जीपीएस) और रूस का ग्लोनास वैश्विक परिचालन तंत्र (जीएनएसएस) कार्यरत है जो पूरे विश्व को आँकड़े प्रदान करते हैं। सन् 2022 तक यूरोपीय संघ का वैश्विक नौसंचालन तंत्र गैलीलियो पूरी तरह से परिचालित हो जाएगा। चीन की क्षेत्रीय नौसंचालन प्रणाली बीडोउ (Beidou) का विस्तार किया जा रहा है और सन् 2022 तक यह वैश्विक तंत्र होने की संभावना है। भारत ने भारतीय क्षेत्रीय नौसंचालन उपग्रह प्रणाली (आईआरएनएसएस) जिसे नाविक (भारतीय उपग्रह समूह के साथ नौसंचालन) भी कहते हैं, के अंतर्गत 7 उपग्रह प्रक्षेपित किए हैं जो भारतीय उपमहाद्वीप में नौसंचालन की सुविधा प्रदान करेंगे। फ्रांस और जापान भी क्षेत्रीय नौसंचालन प्रणाली विकसित करने की प्रक्रिया में हैं। साधारणतया वैश्विक प्रणाली में 20-30 मध्यम कक्ष वाले उपग्रह जिनकी कक्षीय अवधि करीबन 12 घंटे हो तथा कक्षीय झुकाव 50° से अधिक हो, प्रयोग में लाए जाते हैं। जीएनएसएस या वैश्विक नौसंचालन उपग्रह प्रणाली, जो उपग्रहों के समूह द्वारा अंतरिक्ष से संकेत प्राप्त कर स्थिति और समय दर्शाती है, का मूलभूत सिद्धांत इस प्रकार है –

- एक उपग्रह जिसकी स्थिति ज्ञात हो, के द्वारा नियमित संकेत संचारण।
- रेडियो तरंगों (विद्युत चुम्बकीय तरंगें जो प्रकाश की गति से चलती हैं) की यात्रा में लगे समय के आधार पर रिसीवर या अभिग्राही की स्थिति की गणना।

तीन वांछित निर्देशांकों (अक्षांश, देशांतर और ऊँचाई) की गणना और स्थिति निर्धारण के लिए कम-से-कम चार उपग्रहों से संपर्क करना आवश्यक है।

जीपीएस प्रणाली के विकास के पहले ट्रांसिट उपग्रह प्रणाली का सन् 1964 में परिचालन किया गया था। इस प्रणाली को किसी स्थिति का पता लगाने में 15 मिनट लगते थे। इस प्रणाली से बहुत कुछ सीखकर जीपीएस एक संशोधित प्रणाली के रूप में विकसित हुआ और प्रयोग में लाया गया। जीपीएस का मूल उपयोग सैन्य स्थिति, नौसंचालन और हथियारों के लक्ष्य भेदन के लिए था। पहला जीपीएस उपग्रह 1978 में प्रक्षेपित किया गया था। 1984 में तत्कालीन राष्ट्रपति श्री रोनाल्ड रीगन ने जीपीएस को नागरिक समुदाय के लिए उपलब्ध करवाया। सारणी 2.1 में उपग्रह नौसंचालन प्रणालियाँ, उनके राष्ट्रों के नाम के साथ दर्शायी गई हैं।

सारणी 2.1: उपग्रह नौसंचालन प्रणालियाँ और उनके राष्ट्र

प्रणाली	राष्ट्र
ट्रांसिट	यूएस नेवी
टिमेशन	यूएस नेवी
सीकोर	यूएस आर्मी
नवस्टार जीपीएस	रक्षा विभाग, यूएसए
गैलीलियो	यूरोपीय संघ
आईआरएनएसएस	भारत

2.1 ट्रांसिट

डॉ. रिचर्ड किर्शचनर ने सन् 1959-1960 में जॉन होपकिंस प्रायोगिक भौतिकी प्रयोगशाला में इस प्रणाली का विकास किया था। इसमें कम ऊँचाई पर घूमने वाले 6 ध्रुवीय उपग्रह थे जो स्थिर (Stable) रेडियो संकेत भेजते थे। इसके अलावा कुछ जमीनी नियंत्रण स्टेशन थे जो उपग्रहों पर निगरानी करते थे और उपग्रहों के कक्षीय मापदण्डों का निरंतर सुधार करते थे। उपग्रह द्वारा भेजे हुए संकेतों के बीच डॉप्लर शिफ्ट का अध्ययन कर ट्रांसिट के प्रयोक्ता अपनी स्थिति का पता लगाते थे।

मुख्य रूप से ट्रांसिट का उपयोग अमेरिकी नौसेना द्वारा पोलेरिस प्रक्षेपी प्रक्षेपास्त्र पनडुब्बी की सही स्थान की जानकारी देने के लिए किया गया था। इसके अलावा सतही जहाजों के नौसंचालन, जल सर्वेक्षण और भू-गणितीय सर्वेक्षण में भी इसका प्रयोग हुआ। सन् 1964

से पहले पनडुब्बियों और फिर नागरिक उपयोग में ट्रांसिट प्रणाली ने निरंतर सेवा प्रदान की थी।

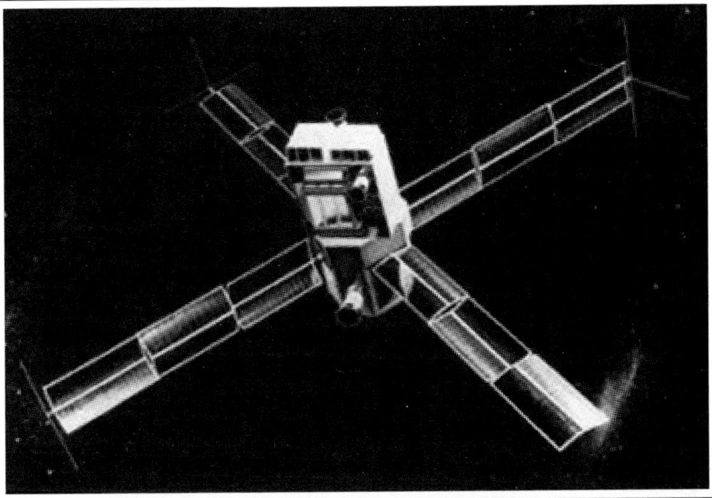

चित्र 2.1: ट्रांसिट उपग्रह का प्रतीकात्मक चित्र

इस प्रणाली के विकास का इतिहास बड़ा रोचक है। पहले मानव निर्मित रूसी उपग्रह स्पुतनिक-1 के अक्टूबर 4, 1957 में प्रक्षेपण के बाद जॉन हॉपकिंस प्रयोगशाला में दो भौतिकविद् विलियम गुयर और जॉर्ज वाइफनबाख उन पराबैंगनी किरणों की चर्चा कर रहे थे जो शायद उपग्रह से निकल रही होंगीं। उन्होंने एक पथ के रेडियो संकेतों के डॉप्लर शिफ्ट के अध्ययन से स्पुतनिक के पथ का भी पता लगा लिया। इस पर उनके निदेशक ने कहा कि यदि हमें उपग्रह की स्थिति का पता है और हम उसका पूर्वानुमान लगा सकते हैं तो डॉप्लर शिफ्ट के प्रयोग से पृथ्वी पर किसी भी अभिग्राही की स्थिति का पता लगाया जा सकता है और इसी सिद्धांत पर काम करते हुए ट्रांसिट प्रणाली विकसित हुई। सन् 1959 में ट्रांसिट-1ए का प्रक्षेपण हुआ तथा ट्रांसिट-1बी को 1960 में प्रक्षेपित किया गया। 1964 में नौसेना ने इस प्रणाली का उपयोग प्रारंभ किया।

इसमें उपयोग में लाये गए उपग्रह (ऑस्कर, नोवा) कम कक्षीय ऊँचाई वाले उपग्रह थे जो 107 मिनट की कक्षीय अवधि के साथ, 960 - 1100 किलोमीटर की ऊँचाई पर पृथ्वी का चक्कर लगाते थे। 5 उपग्रहों का समूह पूरी पृथ्वी पर वैश्विक नौसंचालन देने के लिए सक्षम था। 5 मुख्य और 5 अतिरिक्त उपग्रह इस प्रणाली का हिस्सा थे (सारणी 2.2)। ये सभी उपग्रह ध्रुवों पर से होकर भूमध्य रेखा के अलग-अलग भागों से गुजरते थे। जब भी उपग्रह क्षितिज के ऊपर दिखता, तब स्थिति की गणना की जाती। अक्षांश की स्थिति के अनुसार उपग्रह 35 से 100 मिनट में स्थिति की गणना के लिए उपलब्ध रहता। ट्रांसिट का मुख्य केंद्र कैलिफोर्निया में था तथा कई अभिग्राही केंद्र पूरे विश्व में फैले थे। जैसे ही कोई उपग्रह

अभिग्राही स्टेशन की दृष्टि रेखा में आता, वह उपग्रह द्वारा भेजे हुए 150 और 400 MHz के संकेतों का अभिग्रहण करने लगता था।

सारणी 2.2: ट्रांसिट प्रणाली की विशेषताएँ	
उपग्रह	6
कक्ष	6
ऊँचाई	960 किलोमीटर
काल	107 मिनट
झुकाव	900
जमीनी स्टेशन	3

ट्रांसिट के आँकड़े तात्कालिक न होने के कारण, किसी भी गतिमान वस्तु जैसे जहाज के स्थान की गणना मुश्किल थी, क्योंकि यह करने के लिए गतिमान वस्तु की गति की गणना करना भी आवश्यक था। चूंकि उपग्रह भी घूमते रहते थे, गणना और भी जटिल हो जाती थी। जटिल गणना होने के कारण कंप्यूटर का प्रयोग प्रारंभ हुआ।

ट्रांसिट के उपग्रह और अभिग्राही के बीच की संकल्पना इस प्रकार थी:

- एक उपग्रह किसी आवृत्ति f_0 पर अपनी स्थिति भेजेगा।
- एक अभिग्राही जिसे आवृत्ति f_0 पर संकेत मिलने की उम्मीद है, संकेतों को अधिक आवृत्ति पर खोजने का प्रयास करेगा।
- जब आवृत्ति $f_0=f$ हो, तब उपग्रह सीधे ऊपर रहेगा।
- इस स्थिति में अभिग्राही संकेत लेना बंद कर देगा और गणना करेगा।

आवृत्ति $f_0=f$ रहने पर उपग्रह की सापेक्ष गति शून्य रहेगी और उपग्रह ऊपर रहेगा, जिसे डॉप्लर आवृत्ति समीकरण से व्यक्त किया जा सकता है:

$$f = \frac{\mathrm{f0}\sqrt{1 - \frac{vs^2}{c^2}}}{1 - \frac{vs}{c}} \qquad \text{.............2.1}$$

जब $v_s=0$ रहेगा तब $f = f_0$ होगा जहाँ v_s उपग्रह का वेग है।

2.2 टिमेशन

सन् 1960 के प्रारंभ में अंतरिक्ष प्रौद्योगिकी के लिए नौसेना केंद्र (एनसीएसटी), नौसेना रक्षा प्रयोगशाला (एनआरएल), वाशिंगटन द्वारा प्रायोगिक रूप से विकसित नौसंचालन प्रक्षेपण कार्यक्रम टिमेशन का विकास किया गया। इसका मुख्य उद्देश्य अंतरिक्ष में बेहद सटीक घड़ियाँ भेजना, दो आयामी नौसंचालन, त्रि-आयामी नौसंचालन आदि प्रौद्योगिकियों की

क्षमता का प्रदर्शन करना था। टिमेशन ने यह सिद्ध कर दिया कि निष्क्रिय रेंजिंग तकनीक सही समय देने वाली परमाणु घड़ियों के साथ सारी दुनिया को एक त्रि-आयामी नौसंचालन (अक्षांश, रेखांश, ऊँचाई) प्रणाली देने के लिए आधार प्रदान कर सकता है। एनआरएल के श्री रोजर एल ईस्टन इस प्रणाली के मुख्य अभिकल्पक (Designer) थे। टिमेशन उपग्रह, ट्रांसिट उपग्रहों के सुधारित रूप थे। टिमेशन के तीसरे उपग्रह को नौसंचालन प्रौद्योगिकी उपग्रह-1 (एनटीएस-1) का नाम दिया गया। सारणी 2.3 में टिमेशन उपग्रहों का वर्णन दिया हुआ है।

सारणी 2.3: टिमेशन उपग्रहों का वर्णन

उपग्रह	प्रक्षेपण तारीख	ऊँचाई किलोमीटर में	झुकाव डिग्री में	जीवन काल
टिमेशन-1	31.05.67	925	70	74 महीने
टिमेशन-2	30.09.69	925	70	6 साल
एनटीएस-1	14.07.74	13800	125	5 साल
एनटीएस-2	23.06.77	20200	63	18 महीने

चित्र 2.2 में टिमेशन के प्रतीकात्मक चित्र को दर्शाया गया है।

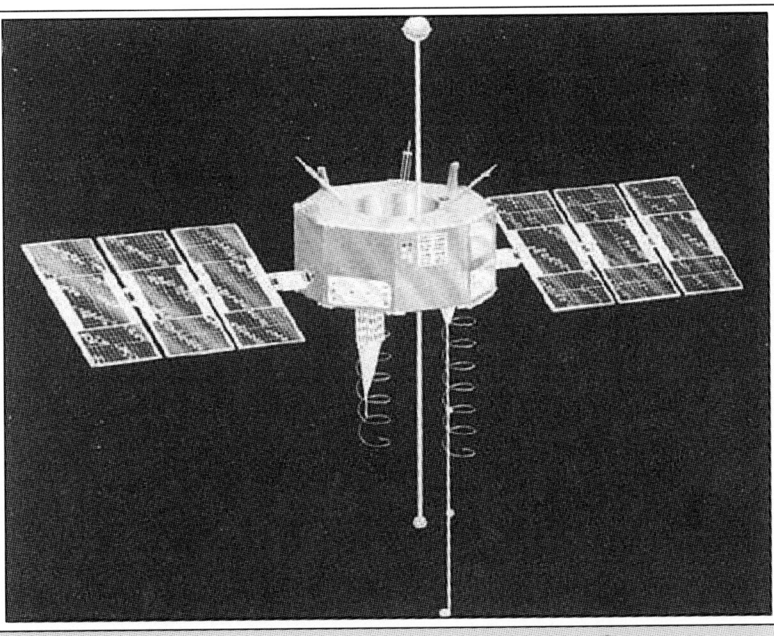

चित्र 2.2: टिमेशन उपग्रह का प्रतीकात्मक चित्र

2.3 प्रोजेक्ट 621बी

सन् 1963 में अमेरिकी वायुसेना के अंतरिक्ष विभाग ने एक परियोजना 621बी प्रारंभ की। यह परियोजना ही नवस्टार जीपीएस के रूप में बाद में विकसित हुई। इस प्रणाली का परीक्षण

1968 से 1971 के मध्य विमानों के उपयोग से किया गया। यह परियोजना अक्षांश, रेखांश, ऊँचाई बताने में सक्षम थी। सन् 1973 में 621बी की संकेत संरचना, ट्रांसिट का कक्ष और कक्ष की भविष्यवाणी और टिमेशन की घड़ियों को मिलाकर एक नई प्रणाली की अभिकल्पना की गई, जिसका नाम वैश्विक स्थिति उपग्रह/नवस्टार जीपीएस रखा गया।

तीन मुख्य उपग्रह प्रौद्योगिकियाँ जीपीएस, ग्लोनास और गैलीलियो जीएनएसएस का मुख्य अंग हैं। इनमें से हर एक में तीन खंड हैं -1 अंतरिक्ष खंड, 2 नियंत्रण खंड और 3 प्रयोक्ता खंड। ये तीनों खंड तीनों प्रौद्योगिकियों में करीबन समान हैं। वर्तमान में गैलीलियो और ग्लोनास अधिक प्रचलन में न होने के कारण जीपीएस ही उपग्रह प्रौद्योगिकी माना जाता है।

अध्याय-3

उपग्रह कक्ष की गतिशीलता और स्थिति निर्धारण

किसी भी नौसंचालन प्रणाली की शुद्धता इस बात पर निर्भर करती है कि कितनी सटीकता से उपग्रह के कक्ष और समय का पता लगाया जा रहा है। आदर्श परिस्थितियों में जब पृथ्वी और उपग्रह दोनों को गोलाकार माना जाए, उनकी संरचना समान हो और कोई अन्य बल न हो तो उपग्रह की गति एक अंडाकार कक्षा से चित्रित होती है, जिसके एक केंद्र बिंदु पर पृथ्वी हो।

वृत्तीय कक्ष की धारणा से डॉप्लर आवृत्ति, परिवर्तन की दर आदि आसानी से पता चल जाती है, परंतु उपग्रह की सटीक स्थिति की जानकारी के लिए केप्लर की कक्षीय गतिशीलता के नियमों का उपयोग किया जाता है। उपग्रहों की गति और कक्ष को समझने के लिए भौतिकी के कुछ नियमों को समझना आवश्यक है:

3.1 गति के नियम

न्यूटन के गति और गुरुत्वाकर्षण संबंधित नियम इस प्रकार हैं:

1. प्रत्येक पिंड तब तक अपनी विरामावस्था या सरल रेखा में एक समान गति की अवस्था में रहेगा जब तक कोई बाह्य बल उसे अन्यथा व्यवहार करने के लिए विवश न कर दे। इसे जड़त्व का नियम भी कहते हैं।
2. गति के परिवर्तन की दर लगाए बल के अनुपात में होती है और बल की दिशा में ही होती है।
3. प्रत्येक क्रिया की सदैव बराबर और विपरीत दिशा में प्रतिक्रिया होती है।

3.2 गुरुत्वाकर्षण के नियम

किन्हीं दो पिंडों के मध्य आकर्षण होता है जो उनके द्रव्यमान के आनुपातिक और उनके बीच की दूरी के वर्ग के विपरीत आनुपातिक होता है।

$$F = G*M_E*m/R_E^2 \qquad ....3.1$$

जहाँ पर $G = 6.673 \times 10^{-11}\ Nm^2/Kg^2$

M_E = पृथ्वी का द्रव्यमान

m = उपग्रह का द्रव्यमान और

R_E= पृथ्वी की त्रिज्या है।

इसी नियम से किसी भी उपग्रह का उसके कक्ष में घूमना समझाया जा सकता है–

- यदि कोई बल न लगा हो तो उपग्रह एक सीधी रेखा में चलेगा।
- आकर्षण बल के कारण उपग्रह सीधी रेखा से भटक कर पृथ्वी का चक्कर लगाता है।
- पृथ्वी और उपग्रह के मध्य का गुरुत्व बल ही वह आकर्षण बल है जिसके कारण उपग्रह पृथ्वी का चक्कर लगाते हैं।

एक उपग्रह जब पृथ्वी के चारों ओर घूमता है तब पृथ्वी का अभिकेंद्र (सेंट्रिपेटल Centripetal) इसे पृथ्वी की ओर खींचता है। इस बल के विपरीत उपग्रह के घूर्णन से केंद्र से दूर जाने वाला बल, जो अपकेंद्री बल (Centrifugal) है, उपग्रह को पृथ्वी से दूर धकेलता है।

एक उपग्रह को h ऊँचाई वाले कक्ष में V वेग से कक्ष में रखने के लिए अपकेंद्री बल को गुरुत्वाकर्षण बल के बराबर होना चाहिए।

$$F1 = m^*V^2 / (R_E + h) \qquad F2 = (G^*M_E^*m)/(R_E+ h)^2 \qquad ....3.2$$

कक्ष का घूर्णन समय $T = 2\pi r/v = 2\pi\sqrt{(r^3/G^*M_E)}$ 3.3

जहाँ $r = R_E+ h$

इस समीकरण के उपयोग से भू-तुल्यकालिक कक्ष की ऊँचाई ज्ञात कर सकते हैं।

$r = (G^*M_E(T/2\pi)^2))^{1/3} = 42, 166$ किलोमीटर 3.4

जहाँ पर T = 86, 164.1 सेकंड सिडरल दिन जो कि तारों के सापेक्ष में पृथ्वी के घूर्णन का समय है।

उपरोक्त समीकरणों में यह माना था कि उपग्रह गोल परिपत्र कक्ष में घूमते हैं, परंतु वास्तव में ऐसा नहीं है। केप्लर के नियम जो सन् 1609 (नियम 1 और 2) और 1619 (नियम 3) में विकसित हुए थे, ग्रहों के घूमने की चाल पर निर्भर हैं।

3.3 केप्लर के नियम

पहला नियम - सभी ग्रह एक अंडाकार या दीर्घवृत्ताकार कक्ष में घूमते हैं जिसके केंद्र संबंधी बिंदु पर सूर्य है। इससे कक्ष का आकार परिभाषित होता है। इसे अंडाकार नियम से भी संदर्भित किया जाता है (चित्र 3.1)।

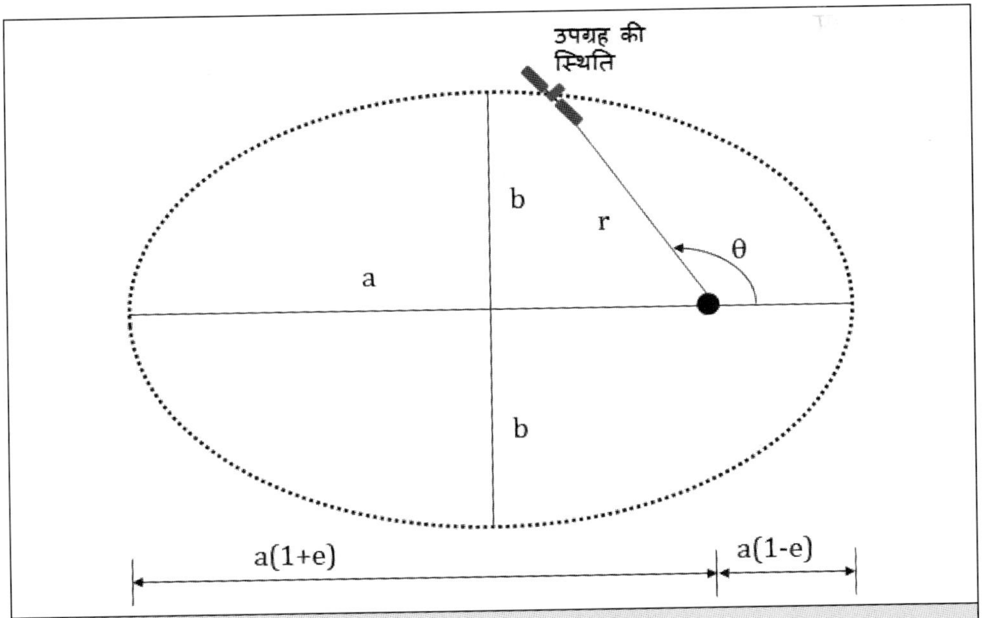

चित्र 3.1: केप्लर का प्रथम नियम

जहाँ पर e यानि असमानता (Eccentricity) या विकेंद्रता

$r = a(1 - e^2) / (1 + e\cos(\theta))$ 3.5

$b^2 = a^2(1 - e^2)$ 3.6

यदि $e = 0$ है तब $b = a$ यानि यह एकवृत्त हो जाएगा।

द्वितीय नियम - सूरज से ग्रह की त्रिज्या समान समय में समान क्षेत्रफल का फैलाव देगी यह निर्धारित करता है कि समय के साथ कक्षीय वेग कैसे बदलता है (चित्र 3.2)।

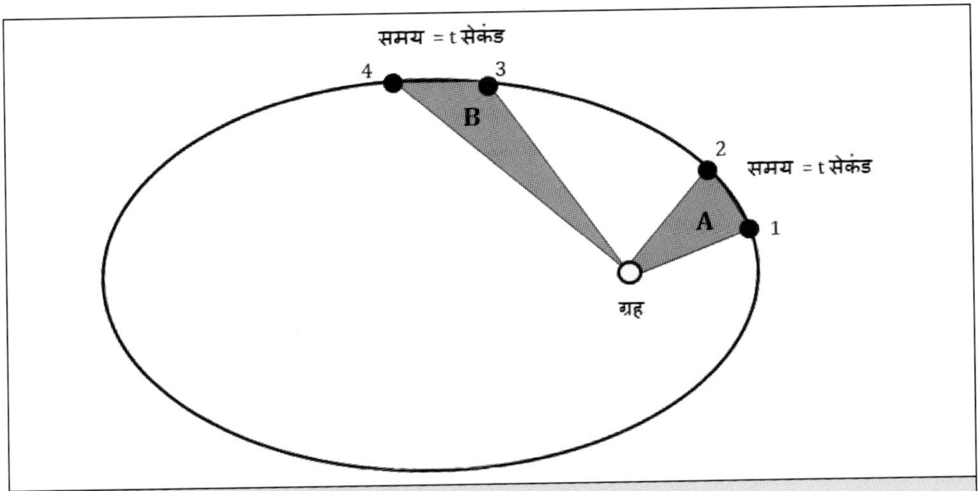

चित्र 3.2: केप्लर का द्वितीय नियम

एक उपग्रह t सेकंड में स्थान 1 से स्थान 2 तक जाता है और इस दौरान इसका फैलाव क्षेत्र चित्र 3.2 में दर्शाए अनुसार A है। कुछ समय पश्चात् स्थान 3 से स्थान 4 पर t सेकंड में पहुँचता है और फैलाव क्षेत्र B बनता है। केप्लर के द्वितीय नियम के अनुसार A और B के क्षेत्रफल समान रहेंगे यदि t समय समान है।

तृतीय नियम - इसे अनुरूपता नियम भी कहते हैं। इस नियम के अंतर्गत किसी ग्रह के कक्षीय समय और कक्ष की त्रिज्या की दूसरे ग्रहों के साथ तुलना की जाती है। पहले और दूसरे नियम में जहाँ पर एक ग्रह की गति विशेषताओं का वर्णन है, नियम 3 में विभिन्न ग्रहों की गति विशेषताओं के मध्य तुलना की गई है। इसके अनुसार ग्रह के घूमने की अवधि का वर्ग उसके अर्ध मुख्य अक्ष के घन के बराबर है। आवृत्ति समय के वर्ग और सूर्य से दूरी के घन का अनुपात सभी ग्रहों के लिए समान है। दी गई सारणी 3.1 में सभी ग्रहों की तुलना की गई है:

सारणी 3.1: सभी ग्रहों की घूर्णन अवधि और दूरी की तुलना

ग्रह	अवधि (वर्ष)	औसत दूरी (au)	T^2/R^3
बुध (मरक्यूरि)	0.241	0.39	0.98
शुक्र (वीनस)	0.615	0.72	1.01
पृथ्वी (अर्थ)	1.00	1.00	1.00
मंगल (मार्स)	1.88	1.52	1.01
बृहस्पति (जुपिटर)	11.8	5.2	0.99
शनि (सैर्टन)	29.5	9.54	1.0
अरुण (यूरेनस)	84.0	19.18	1.0
वरुण (नेपच्यून)	165	30.06	1.0
यम (प्लूटो)	248	39.44	1.0

जहाँ पर 1 au = 1.4957×10^{11} मीटर है। अवधि को पृथ्वी वर्ष के सापेक्ष में दिया गया है जहाँ पर 1 पृथ्वी वर्ष = 3.156×10^{7} सेकंड है। यदि a अर्ध मुख्य अक्ष है तो

$$T = 2\pi \, (a^3/\mu)^{1/3} \qquad \text{..........3.7}$$

जहाँ पर μ पृथ्वी का भू-केंद्रित गुरुत्व स्थिरांक है जिसका मान $3.986004 \times 10^{14} m^3/sec^2$ है।

3.4 कक्षीय गतिशीलता

न्यूटन के गतिशीलन नियम से नौसंचालन के उपग्रह संचालित होते हैं। न्यूटन के दूसरे नियम के अनुसार किसी भी पिंड के त्वरण (Acceleration) की दर लगाये गए बल की समानुपाती होती है। यदि पृथ्वी और उपग्रह का द्रव्यमान M और m है और उनके द्रव्यमान के बिंदु की स्थिति r_E और r_s है, तो पृथ्वी के सापेक्ष में उपग्रह की स्थिति

$$r = r_s - r_E \qquad \text{.........3.8}$$

न्यूटन के गुरुत्व बल के नियम के अनुसार उपग्रह पर पृथ्वी का बल

$$F = -(G*M*m/r^2)(r/r) \quad ....3.9$$

न्यूटन के द्वितीय नियम के अनुसार उपग्रह की पृथ्वी के सापेक्ष में गति के समीकरण से एक समीकरण निकाला जाता है:

$$= r + [G(M+m)/r^3]xr = 0 \quad ....3.10$$

उपरोक्त समीकरण द्वितीय ऑर्डर का गैर-रेखीय अवकल (Differential) समीकरण है जो पृथ्वी के केंद्र के सापेक्ष, उपग्रह की स्थिति दर्शाता है। किसी भी समय उपग्रह की स्थिति इस समीकरण से प्राप्त की जा सकती है।

किसी भी कक्षा में स्थिति और गति को पूरी तरह से निर्दिष्ट करने के लिए 6 केपलेरियन तत्त्वों की आवश्यकता होती है। चूंकि हम तीन आयाम अंतरिक्ष में रहते हैं, यह 3 स्थानिक आयामों और 3 वेगों के बराबर है। आप स्थिति के लिए (x, y, z) और वेगों के लिए (vx, vy, vz) का उपयोग कर सकते हैं। आप गोलाकार निर्देशांक, या यूलर कोण का उपयोग कर सकते हैं। वे सभी आपको किसी भी तात्कालिक समय पर विशिष्ट स्थिति में उपग्रह के 3D में पूर्ण स्थिति और गति प्रदान करते हैं, परंतु यदि आप (x, y, z) स्थिति और गति निर्दिष्ट करते हैं, तो यह आपको कुछ भी नहीं बताता है कि उपग्रह आगे कहाँ होगा क्योंकि (x, y, z) स्थान गुरुत्वाकर्षण में कारक नहीं है।

केप्लर के तीसरे नियम के अनुसार उपग्रह की कक्षाएँ अंडाकार वृत्त बनाती हैं। इस वृत्त को जानने से, कक्ष के तत्त्वों का पता लगा कर कक्ष के पूर्ण मार्ग का पता चल सकता है। इस परिभाषा से वर्तमान स्थिति और गति के साथ-साथ आगे की भविष्यवाणी भी कर सकते हैं। केपलेरियन तत्त्व इस प्रकार हैं:

सारणी 3.2: केपलेरियन तत्त्व

तत्त्व	विवरण	उपयोग
a	अर्ध मुख्य अक्ष	कक्ष का आकार
e	असमानता (Eccentricity)	कक्ष की आकृति
i	झुकाव (Inclination)	कक्ष का झुकाव
w	आर्गुमेंट ऑफ पेरिजी	वक्र बल
Ω	आरोही नोड का रेखांश (Longitude of the ascending node)	देशांतर
v	औसत विसंगति (Mean anomaly)	अभी का कोण

पहले दो तत्त्व, a और e, से कक्ष के 2 आयामी आकार की प्राप्ति होती है। एक अति सूक्ष्म अंतर के साथ, अंडाकार कक्ष की अवधि (P) (1 कक्ष पूरा करने के लिए) भी प्राप्त कर सकते

हैं यदि अर्ध-प्रमुख अक्ष 'a' ज्ञात हो $(P^2/a^3) = 4\pi^2 / M^*G)$। यहाँ पर M द्रव्यमान और G स्थिरांक है।

तीसरा और चौथा तत्त्व, i और w तीन आयामी दिशा निर्देश देते हैं। i वह झुकाव कोण है, जिससे पूरा कक्ष (Orbit) क्रांति वलय अर्थात् ईक्लीप्टिक तल के सापेक्ष झुका है। 'आरोही नोड' वह बिंदु है जहाँ कक्ष भूमध्य रेखीय तल को भेदता है। w (पेरिजी का तर्क या पेरीपैसिस का तर्क) उपग्रह कक्ष तल के अंदर वह कोण है जो आरोही नोड से उपग्रह की दिशा के साथ पेरिजी बिंदु तक मापा जाता है।

5वां तत्त्व Ω, कक्ष को पृथ्वी से जोड़ता है। यह संदर्भ दिशा तल (देशांतर का ऑरिजिन) से आरोही दिशा नोड की दिशा में मापा हुआ कोण है जो संदर्भ तल में नापा जाता है।

अंतिम तत्त्व v दीर्घ वृत्त के साथ परिक्रमा करने वाले पिंड की विशिष्ट समय पर स्थिति को परिभाषित करता है। सभी केपलेरियन तत्त्व चित्र 3.3 में दर्शाये गए हैं।

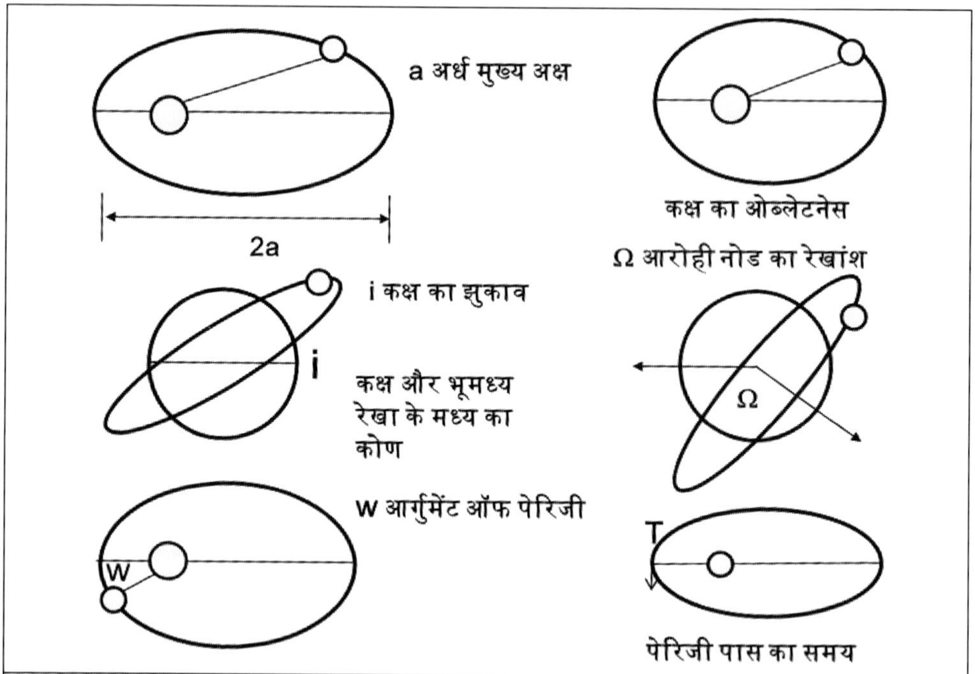

चित्र 3.3: आवश्यक केपलेरियन तत्त्व

चित्र 3.4 में भी केपलेरियन तत्त्वों को दर्शाया गया है।

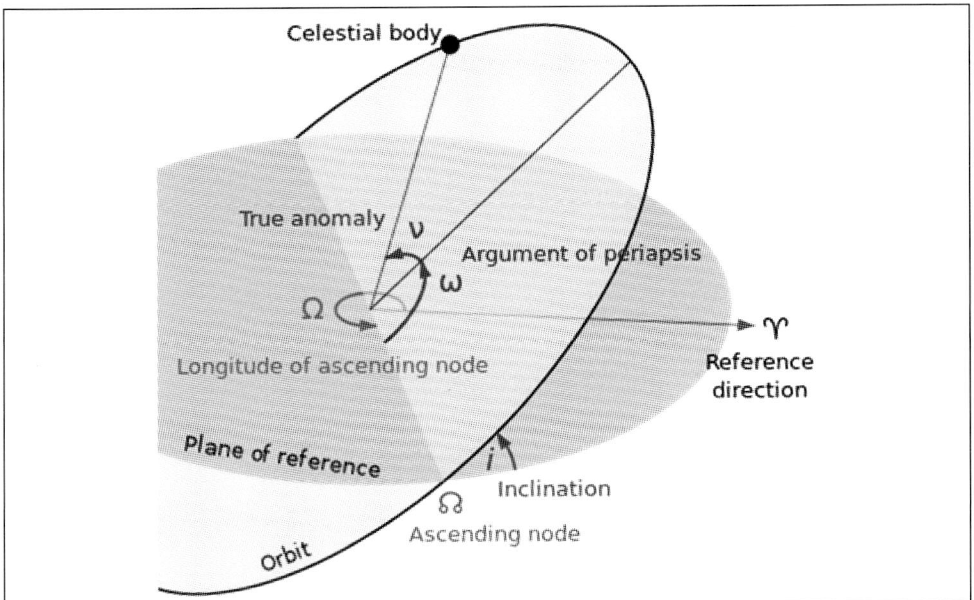

चित्र 3.4: आकाशीय संदर्भ फ्रेम में केपलेरियन तत्त्व

3.5 उपग्रह की स्थिति के निर्देशांक

उपग्रह के तीन स्थिरांक (x, y और z) निम्न तरह से व्यक्त किए जा सकते हैं।

$$x = r[\cos(\omega+\theta)\cos\Omega - \cos i \sin(\omega+\theta)\sin\Omega] \quad \text{......... 3.11}$$

$$y = r[\cos(\omega+\theta)\sin\Omega + \cos i \sin(\omega+\theta)\cos\Omega] \quad \text{......... 3.12}$$

$$z = r[\sin(\omega+\theta)\sin i] \quad \text{......... 3.13}$$

चित्र 3.5 में केपलेरियन तत्त्व और उपग्रह की स्थिति के निर्देशांक दिये हुए हैं।

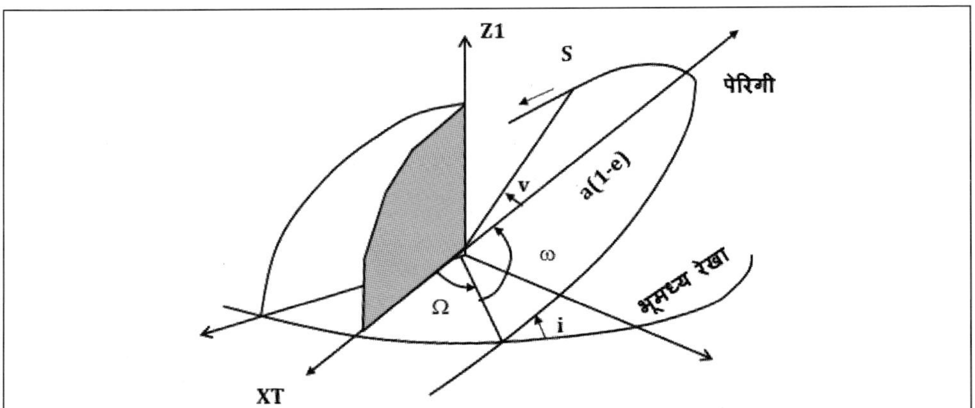

चित्र 3.5: केपलेरियन तत्त्व और उपग्रह की स्थिति के निर्देशांक

3.6 जीपीएस समय

जीपीएस समय को जीपीएस हफ्तों और सेकंड्स में व्यक्त किया जाता है जो सार्वभौमिक समंवित समय के अनुसार जनवरी 5/6, 1980 को 00 घंटे, 00 मिनट और 00 सेकंड पर प्रारंभ हुआ। 1 हफ्ते में 6,04,800 सेकंड होते हैं जो सबसे बड़ी इकाई है। जीपीएस समय का उदाहरण निम्नलिखित है:

1 जनवरी 2017 जीपीएस हफ्ता 1930, नंबर 19300

1 दिसंबर 2017 जीपीएस हफ्ता 1977, नंबर 19775

इस समय प्रणाली में प्रत्येक दिन के लिए अलग-अलग नंबर दिया गया है जो हफ्ते के नंबर के आगे जुड़ जाता है, जैसे 1 जनवरी 2017 को रविवार के लिए 0 और शुक्रवार 1 दिसंबर 2017 के लिए 5 जोड़ा गया है।

3.7 उपभोक्ता स्थिति के लिए मूल समीकरण

यदि D_1, D_2, D_3 तीन उपग्रह स्थितियों से अज्ञात स्थान की दूरी है तो,

$$D_1=SQRT((X_1-X_U)^2 + (Y_1-Y_U)^2 + (Z_1-Z_U)^2) \quad ....3.14$$
$$D_2=SQRT((X_2-X_U)^2 + (Y_2-Y_U)^2 + (Z_2-Z_U)^2) \quad ....3.15$$
$$D_3=SQRT((X_3-X_U)^2 + (Y_3-Y_U)^2 + (Z_3-Z_U)^2) \quad ....3.16$$

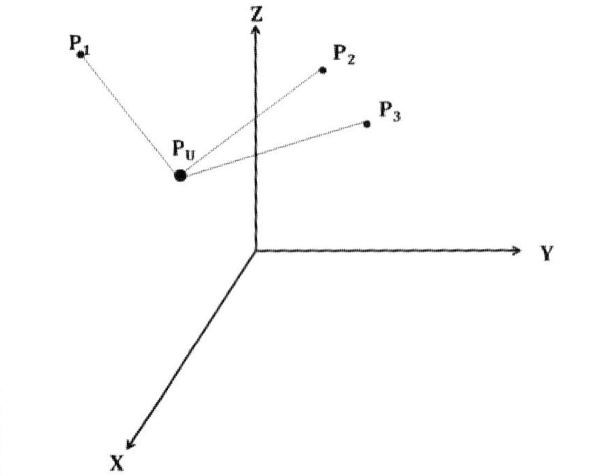

$P_1 = (X_1, Y_1, Z_1)$

$P_2 = (X_2, Y_2, Z_2)$

$P_3 = (X_3, Y_3, Z_3)$

P_u = अज्ञात बिंदु स्थिति

चित्र 3.6: उपभोक्ता और उपग्रहों की स्थिति

तीन समीकरण और तीन अज्ञात होने के कारण X_U, Y_U, Z_U का मान निकाला जा सकता है। उपग्रहों की स्थिति उनके द्वारा भेजी गई जानकारी से प्राप्त की जाती है। उपभोक्ता और उपग्रह के मध्य की दूरी किसी एक समय पर निकाली जाती है। समीकरण के प्रयोग से उपभोक्ता की स्थिति का पता चल जाता है।

3-8 अभिग्राही द्वारा छद्म दूरी मापन

हर उपग्रह एक समय t_{sv} पर संकेत भेजता है जो कि अभिग्राही द्वारा समय t_u पर ग्रहण होता है। यदि उपग्रह और अभिग्राही दोनों की घड़ियाँ समक्रमिक हो, तो

तय की गई दूरी $= C(t_u - t_{sv})$ 3.17

लेकिन यदि वास्तविक उपग्रह समय और अभिग्राही समय t_u' और t_{sv}' हो तो

$t_{sv}' = t_{sv} + dt$ 3.18

$t_u' = t_u + dT$

जहाँ पर dt और dT उपग्रह और अभिग्राही के वास्तविक और मापे समय में अंतर है।

$P = d - c.(dt+dT) + d_{ion} + d_{trop} + \varepsilon$ 3.19

जहाँ पर d_{ion} और d_{trop} क्रमशः आयनमंडल और क्षोभमण्डल के कारण हुई दूरी है। ε बहु-पथ और अभिग्राही रव का घटक है।

इनमें से कुछ त्रुटियाँ सही की जा सकती हैं। जैसे आयनमंडल से हुई देरी को दो आवृत्ति अभिग्राही द्वारा मॉडल किया जा सकता है। अभिग्राही घड़ी की त्रुटियों को अभिग्राही सूचना द्वारा नहीं सुधारा जा सकता।

$C = (t_u - t_{sv}) = d = SQRT\ ((X_1 - X_U)^2 + (Y_1 - Y_U)^2 + (Z_1 - Z_U)^2)$ 3.20

$P = SQRT[(X_1 - X_U)^2 + (Y_1 - Y_U)^2 + (Z_1 - Z_U)^2] + bu + c.(dt) + d_{ion} + d_{trop} + \varepsilon$ 3.21

जहाँ पर bu अभिग्राही घड़ी की त्रुटि है जो कि-cdt के बराबर है। बाकी त्रुटियों को हटाने के बाद सरल समीकरण 3.22 इस प्रकार से होगा।

$P = SQRT[(X_1 - X_U)^2 + (Y_1 - Y_U)^2 + (Z_1 - Z_U)^2] + bu$ 3.22

इन चार अज्ञात का मान निकालने के लिए चार समीकरणों की आवश्यकता होती है। चार विभिन्न उपकरणों के आँकड़ों के प्रयोग से इन छद्म दूरियों की गणना की जा सकती है।

$P_1 = SQRT[(X_1 - X_U)^2 + (Y_1 - Y_U)^2 + (Z_1 - Z_U)^2] + bu$ 3.23

$P_2 = SQRT((X_2 - X_U)^2 + (Y_2 - Y_U)^2 + (Z_2 - Z_U)^2) + bu$ 3.24

$P_3 = SQRT((X_3 - X_U)^2 + (Y_3 - Y_U)^2 + (Z_3 - Z_U)^2) + bu$ 3.25

$P_4 = SQRT((X_4 - X_U)^2 + (Y_4 - Y_U)^2 + (Z_4 - Z_U)^2) + bu$ 3.26

चार अज्ञात निकालने के लिए इन चार गैर-रेखीय, समकालीन समीकरणों को छुड़ाना पड़ेगा जो कि बहुत कठिन होता है। इसके लिए इन्हें रेखीय समीकरण में बदल कर अलग कर देते हैं

$\delta\gamma = SQRT(\delta X_U^2 + \delta Y_U^2 + \delta Z_U^2 + \delta bu^2)$ 3.27

जब $\delta\gamma$ का मान एक पूर्व निर्धारित मान से कम हो जाए तब पुनरावृत्ति रुक जाएगी।

अध्याय-4

निर्देशांक प्रणाली
(Coordinate System)

निर्देशांक प्रणाली सभी भौगोलिक आँकड़ों के एकीकरण को सक्षम करती है। यह एक ऐसी संदर्भ प्रणाली है जिसके द्वारा भौगोलिक वैशिष्ट्य (Features), उपग्रह बिंब, निरीक्षण/अवलोकन, वैश्विक स्थिति निर्धारण तंत्र (जीपीएस) के स्थान आदि एक आम भौगोलिक ढाँचे में दर्शाए जाते हैं। हर निर्देशांक प्रणाली को इन निम्नलिखित बिंदुओं से परिभाषित किया जाता है:

- मापने का ढाँचा भौगोलिक (गोलाकार निर्देशांक जो पृथ्वी के केंद्र से नापे जाते हैं) या प्लैनिमेट्रिक (पृथ्वी के निर्देशांक का प्रक्षेपण कर दो आयामी नक्शे पर दर्शाना)
- मापने की इकाई (मीटर, अक्षांश/देशांश)।
- मानचित्र प्रक्षेपण की परिभाषा।
- अन्य माप प्रणाली जैसे एक या अधिक केंद्रीय समानांतर, मध्य मेरिडियन, एक्स-वाई दिशा में विस्थापन आदि।

पृथ्वी की दो आवृत्ति (Periodic) गतियाँ होती हैं। यह अपनी धुरी के चारों ओर घूमते हुए सूर्य के चारों ओर भी चक्कर लगाती है। इसके अलावा चंद्रमा और कृत्रिम उपग्रह पृथ्वी का चक्कर लगाते हैं। स्थलीय निर्देशांक प्रणाली पृथ्वी के साथ-साथ घूमती है और पृथ्वी के स्थानों की स्थिति बताने के लिए प्रयुक्त होती है। खगोलीय निर्देशांक प्रणाली खगोलीय खंडों जैसे तारों की स्थिति बताती है। कक्षीय प्रणाली पृथ्वी के साथ नहीं घूमती वरन पृथ्वी के चारों ओर घूमती है। यह पृथ्वी के चारों ओर परिक्रमा करने वाले उपग्रहों के निर्देशांक परिभाषित करने के लिए प्रयोग में आती है।

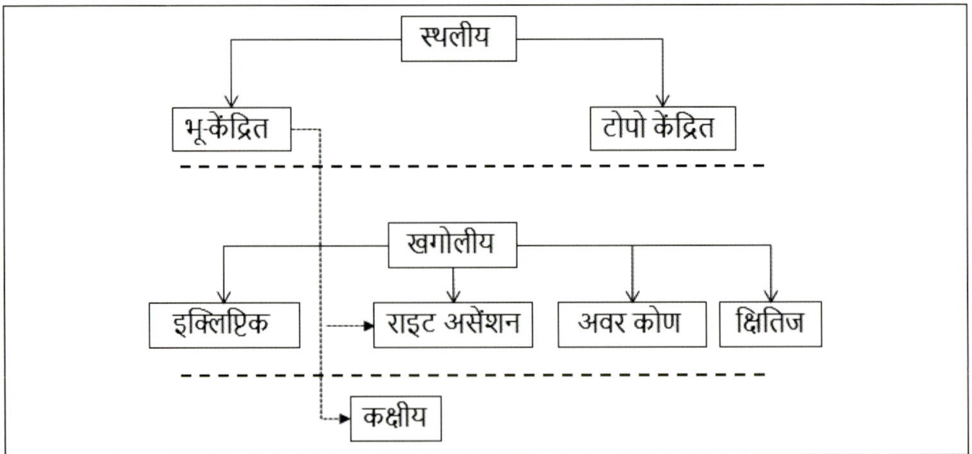

चित्र 4.1: निर्देशांक प्रणाली के प्रकार

किसी भी निर्देशांक प्रणाली को प्राथमिक और सहायक पोल, तल और अक्ष के संदर्भ में बताया जा सकता है। प्राथमिक पोल समरूपता की धुरी है जैसे पृथ्वी का घूर्णन अक्ष। प्राथमिक तल, प्राथमिक पोल के लम्बवत् है जैसे भूमध्य रेखीय तल। सहायक तल, प्राथमिक तल के लम्बवत् है।

स्थलीय भू-केंद्रित (Geocentric) प्रणाली में:

- केंद्र पृथ्वी के केंद्र के निकट होता है।
- प्राथमिक पोल घूर्णन की दिशा में और प्राथमिक तल भूमध्य रेखीय तल होता है।
- भूमध्य रेखीय तल और मेरिडियन तल का आपसी प्रच्छेदन प्राथमिक कक्ष होता है।
- यह दाएँ हाथ की प्रणाली है।

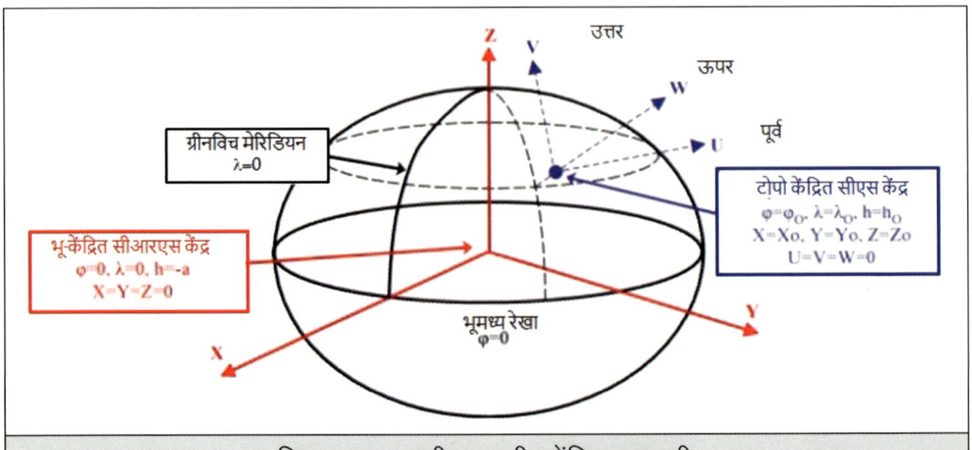

चित्र 4.2: स्थलीय पृथ्वी केंद्रित प्रणाली

स्थलीय टोपो केंद्रित प्रणाली में

- केंद्र पृथ्वी की सतह के निकट होता है।
- प्राथमिक तल इस स्थान की सतह का स्पर्श रेखीय तल होता है।
- प्राथमिक कक्ष उत्तर दिशा होती है।
- यह बाएँ हाथ की प्रणाली है।

निर्देशांक प्रणाली के दो मुख्य प्रकार होते हैं:

4.1 भौगोलिक निर्देशांक प्रणाली

इस प्रणाली के अंतर्गत पृथ्वी के किसी भी स्थान को तीन अंकीय इकाइयों से निर्दिष्ट किया जाता है। एक इकाई ऊर्ध्वाधर स्थिति, दूसरी क्षैतिज स्थिति और तीसरी ऊँचाई को दर्शाती है। गोल पृथ्वी को दो आयामी नक्शे में दर्शाने के लिए मानचित्र प्रक्षेपण की आवश्यकता होती है। इस प्रणाली का आविष्कार तीसरी ईसा पूर्व शताब्दी में हुआ था जब ईरेटोस्थेनस ने यह कल्पना दी थी। एक शताब्दी के बाद इसमें और सुधार किया गया। पहली-दूसरी शताब्दी में मैरीनस ने गणितीय पैमाने पर पृथ्वी का नक्शा बनाया जिसमें मुख्य देशांतर रेखा से (पश्चिम अफ्रीका का फॉर्च्यून द्वीप) पूर्व तथा रोड द्वीप समूह से उत्तर-दक्षिण नापा गया। प्टोलेमी ने भी मुख्य देशांतर का प्रयोग किया, परंतु अक्षांश को भूमध्य रेखा से नापा। प्टोलेमी ने सबसे पहले पृथ्वी को एक समतल पेपर पर सही प्रतिनिधित्व करने की कठिनाइयों के बारे में बताया था और साथ में अक्षांश और देशांतर के बारे में कल्पना दी थी।

सन् 1884 में संयुक्त राज्य अमेरिका ने एक अंतर्राष्ट्रीय मेरिडियन सम्मेलन का आयोजन किया जिसमें 25 राष्ट्रों ने भाग लिया था। उनमें से 22 राज्य इस बात पर सहमत हो गए कि ग्रीनविच इंग्लैंड में स्थित रॉयल वेधशाला के देशांतर को मानक मध्य रेखा माना जाए।

मानक मध्यान्ह रेखा वह देशांतर है जिसका मान शून्य है। यह रेखा पृथ्वी को दो गोलार्धों में बाँटती है। तीन अंकीय इकाइयाँ अक्षांश, देशांश या देशांतर और ऊँचाई हैं।

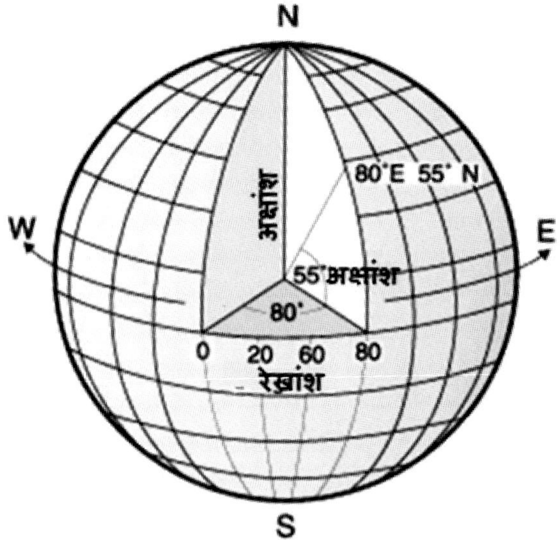

चित्र 4.3: भौगोलिक निर्देशांक प्रणाली

अक्षांश - अक्षांश (Latitude, ø या Phi) एक भौगोलिक निर्देशांक है जो किसी स्थान की उत्तर-दक्षिण स्थिति निर्धारित करता है। यह पृथ्वी पर किसी बिंदु का वह कोण है जो भूमध्य रेखा और उस रेखा के मध्य बनता है जो बिंदु और पृथ्वी के केंद्र से गुजरती है। समान अक्षांश को जोड़ने वाली रेखा को समानांतर कहते हैं और ये रेखाएँ भूमध्य रेखा के समानांतर होती हैं। उत्तरी और दक्षिणी ध्रुव के अक्षांश क्रमशः 90°N और 90°S हैं। 0° समानांतर भूमध्य रेखा है और यह भी पृथ्वी को उत्तरी और दक्षिणी गोलार्ध में बाँटती है (चित्र 4.4)। उत्तरी गोलार्ध में अक्षांश को अंश (उत्तर) और दक्षिण गोलार्ध में अक्षांश को अंश (दक्षिण) से दर्शाया जाता है।

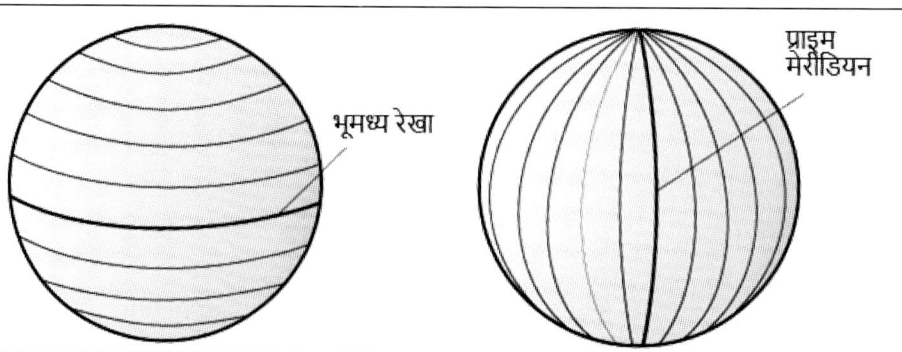

चित्र 4.4: अक्षांश और रेखांश का चित्रण

देशांतर या रेखांश - देशांतर (Longitude, लेम्डा, λ) –देशांतर या रेखांश एक भौगोलिक निर्देशांक है जो किसी स्थान की पूर्व-पश्चिम स्थिति निर्धारित करता है। यह एक कोणीय माप है जो डिग्री में व्यक्त किया जाता है तथा ग्रीक अक्षर λ से दर्शाया जाता है। उत्तर से दक्षिण ध्रुव तक जुड़ने वाली रेखाएँ जिन्हें मेरिडियन (देशांतर रेखा) कहा जाता है, एक ही देशांतर पर रहती हैं। रॉयल वेधशाला, ग्रीन विच, इंग्लैंड से होकर गुजरने वाली मेरिडियन को मुख्य मेरिडियन कहते हैं और इसकी स्थिति 0° देशांतर होती है। अन्य स्थानों के देशांतर को प्राइम मेरिडियन से पूर्व या पश्चिम के कोण के रूप में नापा जाता है, जो 180° पूर्व से -180° पश्चिम तक हो सकता है।

अक्षांश और देशांतर द्वारा पृथ्वी के किसी भी स्थान की स्थिति को बताया जा सकता है। ये पृथ्वी पर एक जाल बनाते हैं। देशांतर और समय एक दूसरे से जुड़े होते हैं। पृथ्वी पश्चिम से पूर्व की दिशा में चक्कर लगाने के कारण ग्रीनविच के पूर्व में समय आगे और पश्चिम में पीछे रहता है। एक देशांतर 4 मिनट समय के बराबर होता है।

एक अंश (डिग्री) अक्षांश या रेखांश 110 किलोमीटर के बराबर होता है। एक डिग्री को 60 मिनट में बाँटते हैं और 1 मिनट में 60 सेकंड होते हैं। डिग्री (°), मिनट (') और सेकंड (") से किसी भी स्थान की सटीक स्थिति बताई जा सकती है। उदाहरणतः हैदराबाद का अक्षांश 17°22'31"N और देशांश 78028'27"E है। अक्षांश और देशांतर दर्शाने के अलग-अलग तरीके होते हैं:

अंश-मिनट-सेकंड	78°28’27”
अंश-दशमलव मिनट	78°28.45’
दशमलव अंश	78.4867°

पृथ्वी को दो समानांतर भागों में भूमध्य रेखा और ग्रेट सर्कल द्वारा विभाजित किया जा सकता है। मेरिडियन की लंबाई समान होती है पर इनके बीच की दूरी ध्रुवों की ओर बढ़ने पर घटती हैं। सारणी में रेखांतर के मध्य की अनुमानित दूरी दी गयी है।

सारणी 4.1: विभिन्न अक्षांशों पर रेखांतर के मध्य की अनुमानित दूरी

अक्षांश	रेखांतर के मध्य अनुमानित दूरी
0	111.32 किलोमीटर
20	104.0 किलोमीटर
40	84.8 किलोमीटर
60	55.802 किलोमीटर
89	1.6 किलोमीटर
90	0 किलोमीटर

चित्र 4.5 में अलग-अलग स्थानों पर 1 अंश रेखांश और अक्षांश की लंबाई दर्शायी गई है।

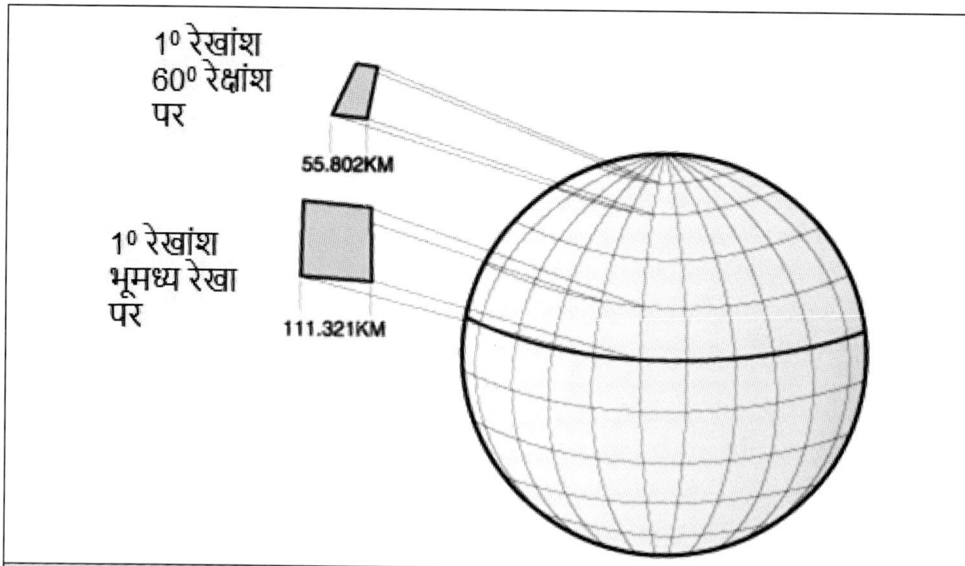

चित्र 4.5: अलग-अलग स्थानों पर 1 अंश रेखांश और अक्षांश की लंबाई

4.2 कार्टिशियन निर्देशांक प्रणाली

यह वह प्रणाली है जिसमें किसी भी स्थान को एक सतह/स्तर पर दर्शाने के लिए संख्यात्मक निर्देशांक की जोड़ी का प्रयोग किया जाता है जो लम्बवत् खींची हुई दो संदर्भ स्थित रेखाओं से एक ही इकाई में नापी गई दूरी है। हर संदर्भ रेखा को प्रणाली का अक्ष कहा जाता है और वह बिंदु जहाँ पर ये दोनों मिलते हैं, धुरी (Origin) कहलाती है। ये दो आयामी और तीन आयामी हो सकते हैं। तीनों अक्ष लम्बवत् हो सकते हैं।

पारंपरिक स्थलीय संदर्भ प्रणाली एक तीन आयामी पृथ्वी केंद्रित प्रणाली है जिसका केंद्र पृथ्वी का केंद्र होता है। यह पृथ्वी के साथ घूमती है। इसका एक्स अक्ष (x-axis) भूमध्य रेखीय तल और मेरिडियन तल का काट होता है। इसका ज़ेड अक्ष (z-axis) ध्रुव की तरफ होता है जो सन् 1900-1905 के औसत ध्रुव की स्थिति है। वाई अक्ष (y-axis) इस तरह से होता है कि निर्देशांक प्रणाली दाएँ हाथ की प्रणाली रहे। ये तीनों अक्ष पृथ्वी के केंद्र पर मिलते हैं (चित्र 4.6)।

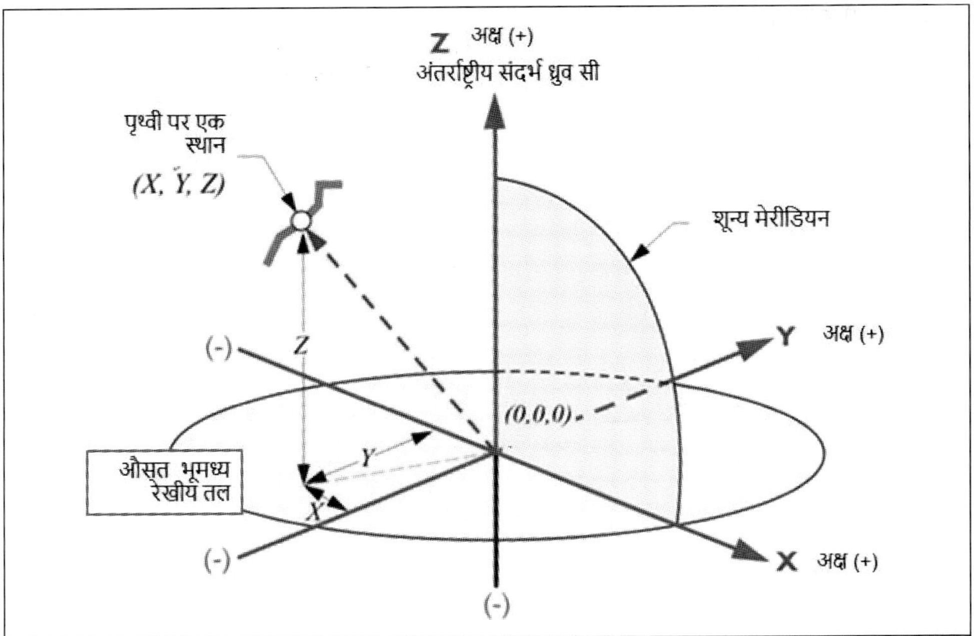

चित्र 4.6: कार्टिशियन निर्देशांक प्रणाली

पृथ्वी का आकार लगातार बदलता रहता है। जब भी पृथ्वी की तह में परिवर्तन हो, उसे संदर्भित किया जाना चाहिए। एक स्थलीय संदर्भ फ्रेम (Terrestrial reference frame) पृथ्वी की सतह पर स्थित बिंदुओं के निर्देशांक का एक सेट प्रदान करता है। यह प्लेट विवर्तनिकी क्षेत्रीय घटाव/बढ़ाव को मापने में काम आता है। अंतर्राष्ट्रीय पृथ्वी घूर्णन और संदर्भ प्रणाली सेवा (आईईआरएस) की स्थापना सन् 1988 में एक खगोलीय संदर्भ फ्रेम (आईसीआरएफ़) और स्थलीय संदर्भ फ्रेम (आईटीआरएफ़) बनाने और बरकरार रखने के लिए की गई थी। विभिन्न स्थानों के अवलोकन के परिणामों की तुलना के लिए ये एक समान संदर्भ प्रदान करते हैं। वर्तमान में चार भू-गणितीय तकनीकों का प्रयोग सटीक निर्देशांक की गणना करने के लिए किया जा रहा है जिनमें जीपीएस, वीएलबीआई, एसएलआर और डोरिस शामिल हैं। नए-नए आँकड़ों का समावेश होने के कारण आईटीआरएफ का लगातार अद्यतन होता जा रहा है।

अंतर्राष्ट्रीय स्थलीय संदर्भ प्रणाली (आईटीआरएस) एक वैश्विक स्थानिक संदर्भ प्रणाली है जो पृथ्वी के चारों ओर प्रतिदिन गति के साथ ही घूर्णन करती है।

कई सौ भौगोलिक निर्देशांक प्रणाली और कई हजार प्रक्षेपण निर्देशांक प्रणाली उपयोग के लिए उपलब्ध हैं। इसके अलावा हम किसी नई प्रणाली को भी परिभाषित कर सकते हैं। इन सबके परिणामस्वरूप गणना की हुई स्थिति, अपेक्षा की हुई स्थिति के अनुरूप नहीं भी हो सकती है। इसके लिए यह आवश्यक है कि भू-गणित के बारे में समझा जाए। भू-गणित

वह विज्ञान है जिसके द्वारा पृथ्वी की सतह का सर्वेक्षण और मापन किया जाता है। कई शताब्दियों से पृथ्वी के सही आकार को गणितीय रूप से दर्शाने के प्रयास किए जा रहे हैं।

4.3 निर्देशांक प्रणालियों के मध्य परिवर्तन

नौसंचालन के लिए यह आवश्यक है कि एक प्रणाली से दूसरी प्रणाली के मध्य परिवर्तन किया जा सके। नौसंचालन में साधारणतया पृथ्वी केंद्रित, पृथ्वी नियत (ईसीईएफ़) (Earth centered, Earth Fixed, ECEF) निर्देशांक का प्रयोग होता है जबकि अनुप्रयोगों में दूसरी प्रणालियाँ प्रयोग में लाई जाती हैं।

- कार्टिशियन निर्देशांक और जियोडेटिक निर्देशांक - अक्षांश (λ), रेखांश (ø) और ऊँचाई को x,y और z में निम्न समीकरणों के उपयोग से बदला जाता है:

  $x = (N+h)\cos\lambda\cos ø$ 4.1

  $y = (N+h)\cos\lambda \sin ø$ 4.2

  $z = x = (N+h)\sin\lambda - \varepsilon^2 N\sin\lambda$ 4.3

  जहाँ पर N मुख्य मेरिडियन की गोलाई की त्रिज्या है जो निम्न समीकरण द्वारा गणित की जा सकती है

  $N^2 = a^2/(a^2\cos^2\lambda + b^2 \sin^2\lambda)$ 4.4

  $H = p/\cos\lambda - N$ 4.5

  कार्टिशियन निर्देशांक से जियोडेटिक निर्देशांक पाने के लिए निम्न समीकरण का उपयोग किया जाता है:

  $\varphi = \tan^{-1} (y/x)$ when $x > 0$ 4.6

  $= \pi + \tan^{-1} (y/x)$ when $x < 0, y > 0$ 4.7

  $= -\pi + \tan^{-1} (y/x)$ when $x < 0, y < 0$ 4.8

  $\lambda = \tan^{-1} \{(z + e^2(a^2/b)\sin^3 u)/(p - e^2 a\cos^3 u)\}$ 4.9

  जहाँ पर $p = SQRT(a^2 + b^2)$ and $u = \tan^{-1} \{(z/p)(a/b)\}$ है।

- कार्टिशियन निर्देशांक से स्थानीय संदर्भ - स्थानीय संदर्भ प्रणाली एक पूर्व-उत्तर-ऊपर (ENU) प्रणाली है जिसमें E अक्ष को स्थानीय पूर्व और N अक्ष को स्थानीय उत्तर में निर्देशित किया जाता है। यह प्रणाली स्थानीय संदर्भ के लिए है।

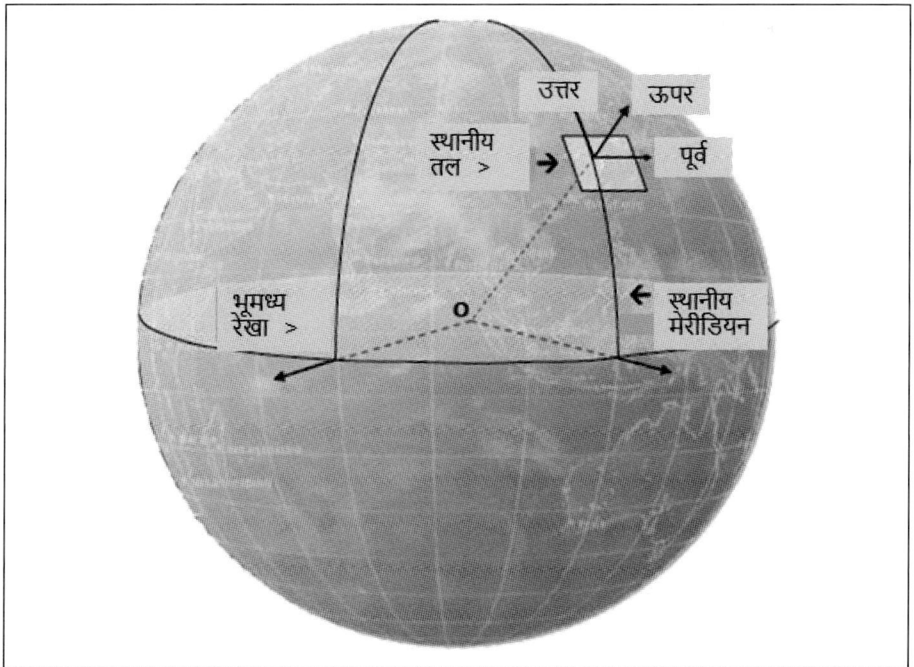

चित्र 4.7: स्थानीय ईएनयू निर्देशांक प्रणाली

कार्टिशियन ईसीईएफ़ निर्देशांक से ईएनयू में परिवर्तन के लिए निम्न समीकरण का उपयोग किया जाता है:

$$E = -x\sin\phi + y\cos\phi \quad \text{..........4.10}$$

$$N = -x\cos\phi \sin\lambda - y \sin\phi \sin\lambda + z \cos\lambda \quad \text{..........4.11}$$

$$U = x \cos\phi \cos\lambda + y \sin\phi \cos\lambda + z \sin\lambda - R \quad \text{..........4.12}$$

अध्याय-5

भू-गणितीय डैटम (Geodetic Datum)

पृथ्वी की भौतिक सतह की निश्चितता के बावजूद, इसे गणितीय संदर्भ में परिभाषित करना बहुत ही कठिन कार्य है। प्राचीन काल से गोल घुमावदार सतह को समतल नक्शे पर प्रदर्शित करने की दुविधा रही है। कई तरह की प्रक्षेपण प्रणाली का विकास हुआ है, जो पृथ्वी की सतह और पृथ्वी के नक्शे के बीच के गणितीय संबंध पर निर्भर है। प्रत्येक प्रक्षेपण किसी न किसी विशेष अनुप्रयोग के लिए अच्छी तरह से कार्य करता है, परंतु कोई भी प्रक्षेपण बिना विरूपण (Distortion) के पृथ्वी का प्रतिनिधित्व नहीं कर सकता है।

भू-गणितीय डैटम, मानकों और स्थिरांक का एक सेट है जिसके द्वारा निर्देशांक प्रणाली को परिभाषित किया जा सकता है, जो भू-गणितीय अनुप्रयोगों के लिए उपयोग में आ सके।

डैटम (Datum) या तल एक संदर्भ सतह है जिस पर किसी स्थान की स्थिति नापी जाती है। डैटम दो प्रकार के होते हैं:

1. पृथ्वी के केंद्र से - भू-गणित और उपग्रह से प्राप्त आँकड़ों के द्वारा ऐसे दीर्घ वृत्ताभ बने हैं जो बड़ी सटीकता से पृथ्वी के द्रव्यमान को प्रदर्शित करते हैं।
2. स्थानीय तल से - सर्वेक्षण हमेशा से ही पारंपरिक रूप से एक काल्पनिक समतल संदर्भ या डैटम और निर्देशांक अक्ष पर निर्भर रहे हैं। इस आयताकार प्रणाली में स्थिति के एक जोड़े जैसे नोर्थिंग-ईस्टिंग या एक्स-वाई का प्रयोग किया जाता है। यह मालूम होने के बावजूद कि समतल पृथ्वी की धारणा एक अवास्तविक है, छोटे क्षेत्रों के लिए यह काफी ठीक परिणाम देते हैं।

5.1 जीऑयड (Geoid) भू-आभ

जीऑयड पृथ्वी के सही आकार का सबसे सटीक प्रतिनिधित्व करता है। यह वह सतह है जहाँ पर समुद्र तल से औसत ऊँचाई शून्य होती है। यह पृथ्वी के गुरुत्वाकर्षण से परिभाषित होता है इसलिए इसका ज्यामितीय विवरण बहुत कठिन एवं जटिल है। इस शब्द की उत्पत्ति ग्रीक शब्द से हुई है जिसका अर्थ पृथ्वी होता है। जीऑयड की सतह बहुत अनियमित होती है। पृथ्वी के विभिन्न स्थानों पर ऊँचाई +8848 मीटर (एवरेस्ट) से -429 मीटर (मृत समुद्र) तक पाई जाती है, परंतु यदि हम आदर्श गणितीय दीर्घवृत्ताभ से जीऑयड की तुलना करें तो जीऑयड में ऊँचाई की भिन्नता -106 मीटर से 85 मीटर तक है। जीऑयड एक सम विभव

सतह है और यदि केवल गुरुत्वाकर्षण बल पर विचार किया जाए तो यह चित्र में दिखाए अनुसार एक ढेले जैसा दिखेगा क्योंकि गुरुत्वाकर्षण बल पूरी पृथ्वी के सभी सतह पर समान नहीं है। पृथ्वी के हर स्थान पर गुरुत्व की एक दिशा और परिमाण (Magnitude) है। एक सम विभव क्षेत्र होने के कारण गुरुत्वाकर्षण बल जीऑयड की सतह से लम्बवत् होता है। इसका मतलब यह कि जहाज से यात्रा करने पर जीऑयड के उतार चढ़ाव पता नहीं चलेंगे। स्थानीय साहुल सूत्र (Plumb Line) हमेशा जीऑयड के लम्बवत् रहेंगे क्योंकि ये गुरुत्व पर आधारित है और स्पिरिट लेवल या स्तर जीऑयड के समानांतर रहेगा।

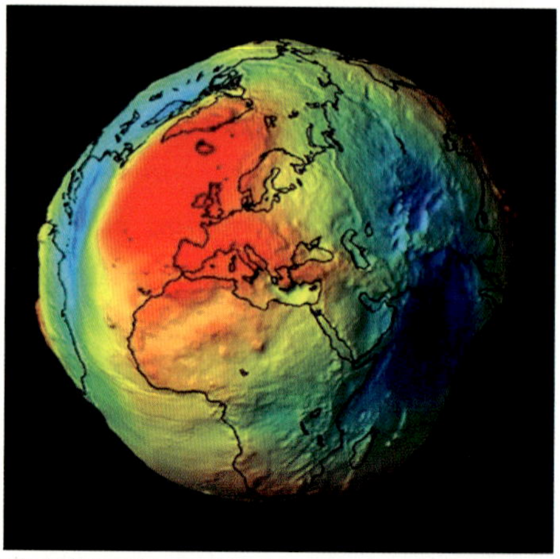

चित्र 5.1: अतिशयोक्ति युक्त जीऑयड (भू-आभ) का चित्र

जीऑयड एक भौतिक वास्तविकता है। दीर्घवृत्ताभ एक विशुद्ध गणितीय काल्पनिक सतह है। पृथ्वी का द्रव्यमान बहुत अनियमित होने के कारण उसे गणितीय रूप में व्यक्त करना बहुत कठिन है। समुद्र और महासागर की समतल सतह गणितीय सतह से मेल नहीं खाती इसलिए अनुमानों का प्रयोग किया जाता है।

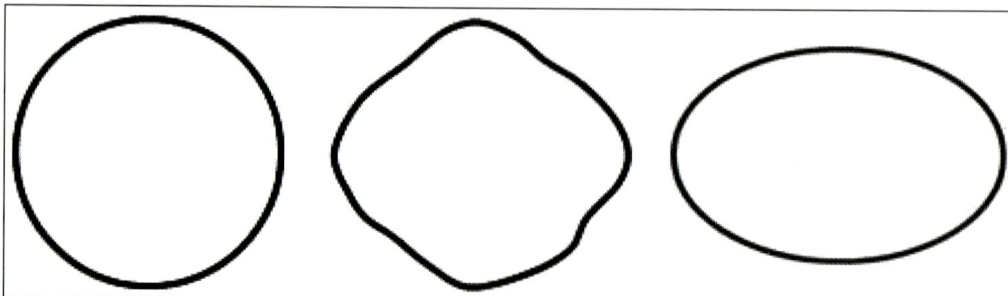

गोल - जैसा हम पृथ्वी के बारे में सोचते हैं।	जीऑयड - सम विभव सतह	दीर्घवृत्ताभ - सबसे करीब गणितीय सतह

चित्र 5.2: जीऑयड की कल्पना

कोई भी जीऑयड हूबहू औसत समुद्र तल का अनुसरण नहीं करता और न ही यह शुष्क भूमि की स्थलाकृति से पूरी तरह से मेल खाता है। यह स्थलीय सतह की तरह अनियमित है। यह ऊबड़-खाबड़ है जो ग्रह के द्रव्यमान के असमान वितरण के कारण है। यदि पृथ्वी के घनत्व में आंतरिक विसंगतियाँ नहीं होती तो जीऑयड एक चिकनी सतह होती और दीर्घवृत्ताभ होता। इस स्थिति में संदर्भ दीर्घवृत्ताभ जीऑयड में पूर्णता से समा जाता, परंतु वास्तविकता में जीऑयड और दीर्घवृत्ताभ में कई स्थानों पर 100 मीटर से भी अधिक अंतर है।

5.2 दीर्घवृत्ताभ (Ellipsoid)

जीऑयड की सतह अनियमित होने के कारण गणना करने में बहुत कठिनाई होती है। दैनिक सर्वेक्षण के लिए यह आवश्यक है कि एक सरल गणितीय सतह और आकार का प्रयोग किया जाए। दीर्घवृत्ताभ इसी तरह की एक आकृति है जो कि एक दीर्घ वृत्त को उसके प्रमुख अक्ष पर घुमाने से प्राप्त होती है। दीर्घ वृत्ताभ को परिभाषित करने के दो मापदंड हैं–

अर्ध प्रमुख अक्ष a (भूमध्य रेखीय तल पर)

अर्ध छोटी (अप्रमुख) अक्ष b (उत्तर दक्षिण ध्रुवीय अक्ष पर)

जब दीर्घ वृत्त को इसके छोटे अक्ष पर घुमाते हैं तो एक चपटी अंडाकृति आकृति का निर्माण होता है। गोल को घुमाने पर गोला बनता है और वह फैक्टर जिससे आकार गोले से हटता है, सपाटन (Flattening) कहलाती है।

$$f = (a - b) / a$$

दो आयामी दीर्घवृत्त को घुमाकर तैयार हुई तीन आयामी आकृति को दीर्घवृत्ताभ कहते हैं। जीऑयड और दीर्घवृत्ताभ में ऊर्ध्वाधर विचलन होता है और प्राकृतिक लम्ब दीर्घवृत्ताभ के नहीं वरन् जीऑयड के लम्बवत् होता है। इस अंतर को कम करने के लिए कई देशों ने अलग-अलग दीर्घवृत्ताभ बनाए हैं जिनका केंद्र पृथ्वी का केंद्र न होकर कोई अन्य स्थान रहता है। केंद्र, मुख्य अक्ष और छोटा अक्ष इस प्रकार से चुने जाते हैं जिससे उस देश की सीमा में दीर्घवृत्ताभ और जीऑयड में मेल रहे। ऊँचाई नापने के लिए एक स्थानीय सतह (डैटम) चुनने के कारण, वे स्थान विशेष के लिए ही उपयोगी होते हैं और अन्य स्थानों के लिए उपयोग में नहीं आते।

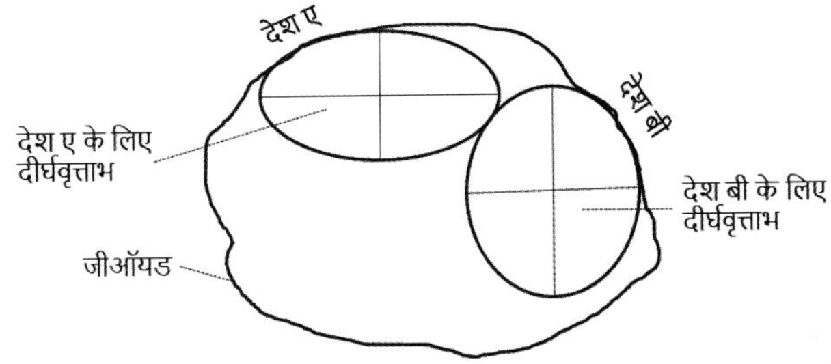

चित्र 5.3: जीऑयड और दीर्घवृत्ताभ

संदर्भ के रूप में एक वैश्विक भू-प्रणाली दीर्घवृत्ताभ को विकसित किया गया जो भू-भौतिकी के अंतर्राष्ट्रीय संघ द्वारा अपनाए दीर्घवृत्ताभ पर आधारित है। इसे भू-भौतिक संदर्भ प्रणाली जीआरएस 80 कहा जाता है और इसे सन् 1979 में विकसित किया गया। इसके अर्ध दीर्घ कक्ष की लंबाई 6378.137 किलोमीटर है जो कि पृथ्वी के वास्तविक भूमध्य रेखीय त्रिज्या के करीबन बराबर है। इसका चपटापन 1/298.25722 है।

जीआरएस 80, जीपीएस में प्रयुक्त होने वाला संदर्भ दीर्घवृत्ताभ नहीं है। जीपीएस प्रणाली में डबल्यूजीएस 84 संदर्भ दीर्घवृत्ताभ का प्रयोग होता है। यह काफी हद तक जीआरएस 80 के समान है पर विविधता इनके चपटेपन में है।

5.3 डबल्यूजीएस 84

डबल्यूजीएस 84 एक पृथ्वी केंद्रित, स्थलीय संदर्भ प्रणाली और भू-गणितीय आधार है जो स्थिरांक, पृथ्वी के आकार, आकृति, गुरुत्व बल को बताने वाले मॉडल के मापदण्डों पर आधारित है। यह एक वैश्विक संदर्भ प्रणाली है जो अमेरिकी रक्षा विभाग ने जीपीएस के लिए बनाई थी। इसका त्रि-आयामी दाएँ दिशा का निर्देशांक है जिसमें धन एक्स कक्ष भूमध्य रेखा के तल पर और वाई अक्ष उससे 90 अंश के कोण पर है। जेड अक्ष जो एक्स और वाई अक्ष के लम्बवत् है, भौगोलिक उत्तर ध्रुव से गुजरती है। सारणी 5.1 में दिए अनुसार डबल्यूजीएस 84 को चार मापदण्डों से परिभाषित किया जाता है।

सारणी 5.1: डबल्यूजीएस 84 के मापदंड		
अर्ध मुख्य अक्ष	a	6378137.0 मीटर
पृथ्वी का चपटापन	1/f	298.257
औसत कोणीय वेग	w	7292115×10^{-11} रेडियन / सेकंड
भू-गुरुत्वाकर्षण स्थिरांक	जीएम	$3986004.418 \times 10^{8}$ मीटर^{3} / सेकंड^{2}

डबल्यूजीएस 84 का सबसे आखिरी संस्करण डबल्यूजीएस 84 (जी1674) है जो सन् 2013 में आया।

5.4 जीऑयड उतार-चढ़ाव

किसी बिंदु का अक्षांश और देशांतर का वर्णन करने के लिए दीर्घवृत्ताभ उपयुक्त है। ऊँचाई को जीऑयड और दीर्घवृत्ताभ से नापा जाता है। जीऑयड से नापी जाने वाली ऑर्थोमैट्रिक ऊँचाई (H) और दीर्घवृत्ताभ से नापी जाने वाली ऊँचाई (h) के मध्य के अंतर को जीऑयड उतार-चढ़ाव (Undulation) कहते हैं।

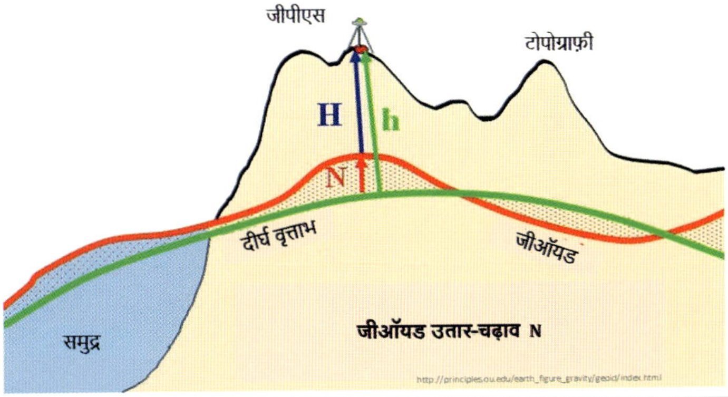

चित्र 5.4: जीऑयड उतार-चढ़ाव

पूरे विश्व में 100-150 संदर्भ दीर्घवृत्ताभ हैं, जिनमें से कुछ सारणी 5.2 में दिए हैं।

सारणी 5.2: संदर्भ दीर्घवृत्ताभ

दीर्घवृत्ताभ	अर्ध मुख्य अक्ष (मीटर)	1/f
एयरी 1830	6377563.396	299.3249646
क्लार्क 1866	6378206.4	294.9786982
क्लार्क 1880	6378249.145	293.465
एवरेस्ट (इंडिया 1830)	6377276.345	300.8017
एवरेस्ट (इंडिया 1956)	6377301.243	300.8017
संशोधित फिशचर, 1960	6378155	298.3
हेलमर्ट 1906	6378200	298.3
इंडोनेशियन 1974	6378160	298.247
इंटरनेशनल 1924	6378388	297
जीआरएस 80	6378137	298.257222101
डबल्यूजीएस 72	6378135	298.26
डबल्यूजीएस 84	6378137	298.257223563

5.5 भारतीय गणितीय दीर्घवृत्ताभ (एवरेस्ट)

भारतीय उप-महाद्वीप का प्रतिनिधित्व करने के लिए भारतीय सर्वेक्षण विभाग ने एक स्थानीय गणितीय दीर्घवृत्ताभ बनाया, जिसका नाम भारत के पहले सर्वेयर जनरल जॉर्ज एवरेस्ट के नाम पर रखा गया और यह 1830 में परिभाषित हुआ था। इसका केंद्र मध्य प्रदेश के कल्याणपुर नामक स्थान में है। इसे भारतीय तल से भी संबोधित किया जाता है।

डबल्यूजीएस 84 और एवरेस्ट दीर्घवृत्ताभ में बहुत अंतर है। सारणी 5.3 में एवरेस्ट दीर्घवृत्ताभ के मापदंड दिये गए हैं।

सारणी 5.3: एवरेस्ट दीर्घवृत्ताभ के मापदंड

क्रम	मापदंड	मान
1.	केंद्र	कल्याणपुर
2.	केंद्र का अक्षांश	2407'11.26"
3.	केंद्र का रेखांश	77039'17.57"
4.	अर्ध मुख्य अक्ष	6377301.243 मीटर
5.	चपटपन	300.8017

अध्याय-6

मानचित्र प्रक्षेपण

मानचित्र, पृथ्वी की सतह, समुद्र तल, रात्रि आकाश या किसी अन्य बड़े क्षेत्र का द्वि-आयामी चित्रात्मक प्रदर्शन है।

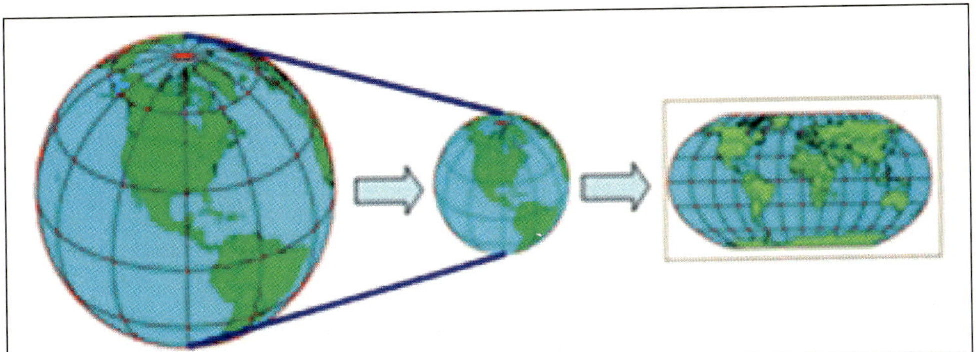

चित्र 6.1: पृथ्वी-ग्लोब-नक्शा

6.1 मानचित्र पैमाना

हर मानचित्र का एक पैमाना होता है। पैमाना वह अनुपात होता है जिसके द्वारा पृथ्वी के दो स्थानों की दूरी को मानचित्र पर दो स्थानों के बीच दर्शाया जाता है। उदाहरणतया पृथ्वी पर 1 किलोमीटर की दूरी हम मानचित्र पर 1 सेंटीमीटर में दिखा सकते हैं। चूंकि पृथ्वी के सही आकार को मानचित्र पर नहीं दिखा सकते, पैमाने का प्रयोग किया जाता है। मानचित्र के पैमाने को अनुपात में व्यक्त किया जाता है जैसे 1:50, 000 जिसका मतलब होता है 50, 000 इकाई को 1 इकाई से दर्शाना। बड़े पैमाने के मानचित्र (जैसे 1:4, 000, 1:10, 000) सतही विशेषताओं को अधिक विस्तार से दिखाते हैं। हर मानचित्र के नीचे पैमाने का विवरण होता है। पैमाना लिखने के कई प्रकार होते हैं:

एक कथन द्वारा - एक पैमाना खींचा जाता है जिसमें इकाई और उप-इकाई दिखाई जाती है। उस पैमाने के नीचे कथन द्वारा पैमाने की जानकारी दी जाती है।

जैसे 1 सेंटीमीटर = 1, 000 किलोमीटर

प्रतिनिधि भिन्न द्वारा - यह एक भिन्न या अनुपात है जिसमें अंश और (भाजक) इकाई समान होती है।

जैसे 1/50,000 का मतलब है मानचित्र पर 1 सेंटीमीटर पृथ्वी पर 50,000 सेंटीमीटर या 500 मीटर या 0.5 किलोमीटर के बराबर होगा।

चित्रमय पैमाना - इस पैमाने में एक रेखा खींच कर उसे पैमाने के अनुपात में काटा जाता है और मानचित्र के नीचे दिखाया जाता है।

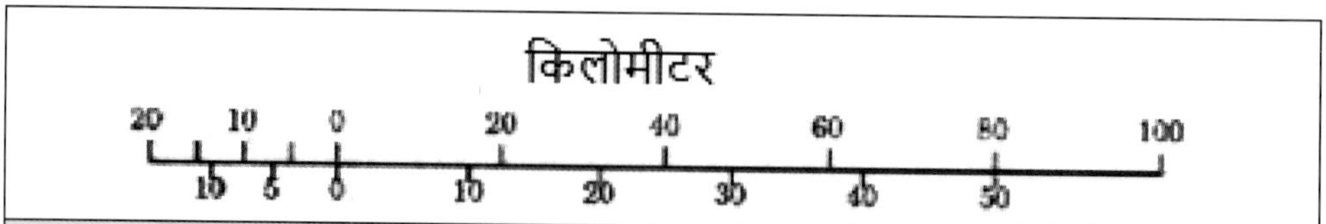

चित्र 6.2: चित्रमय पैमाना

6.2 मानचित्र प्रक्षेपण (Map projection)

मानचित्र प्रक्षेपण वह विधा है जिसके द्वारा त्रिआयामी गोल (दीर्घ वृत्ताभ और ऊपर नीचे चपटी) पृथ्वी को समतल कागज पर दर्शाया जाता है। दो समानांतर और एक मेरिडियन को समतल कागज पर नक्शे में दर्शाया जाता है। यह अक्षांश और रेखांश के योजनाबद्ध आलेख की प्रक्रिया है, जिससे पूरी पृथ्वी या उसके भाग को प्रदर्शित किया जाता है। गोल पृथ्वी को समतल नक्शे पर प्रदर्शित करने में कई अशुद्धियाँ होती हैं। उदाहरणतया, जिस तरह संतरे के छिलके को पूरा चपटा नहीं किया जा सकता, उसी तरह बिना विरूपण या अशुद्धि के पृथ्वी को समतल नक्शे पर नहीं दर्शाया जा सकता। मानचित्र प्रक्षेपण का वर्गीकरण कई तरह से किया जा सकता है। साधारणतया जिस सतह पर ग्लोब का प्रक्षेपण होता है उसके आधार पर वर्गीकरण किया जाता है जैसे कि सारणी 6.1 में दर्शाया गया है।

सारणी 6.1: मानचित्र प्रक्षेपण का वर्गीकरण	
प्रक्षेपण की सतह	बेलनाकार (Cylindrical)
	शंकु (Conic)
	दिगंशीय (Azimathal)
प्रक्षेपण का तरीका	परिप्रेक्ष्य (Perspective)
	विश्लेषणात्मक (Analytical)
प्रक्षेपण की खूबी	सही आकार
	सही दिशा
	सही क्षेत्रफल
	सही दूरी

6.3 दिगंशीय (एजीमथल) या जेनिथल प्रक्षेपण

दिगंशीय प्रक्षेपण में उसकी सतह समतल होती है जो ग्लोब को संपर्क करते हुए है। संपर्क बिंदु उत्तर ध्रुव, दक्षिण ध्रुव या कोई भी अन्य बिंदु हो सकता है जैसे कि चित्र 6.3 में दिया है।

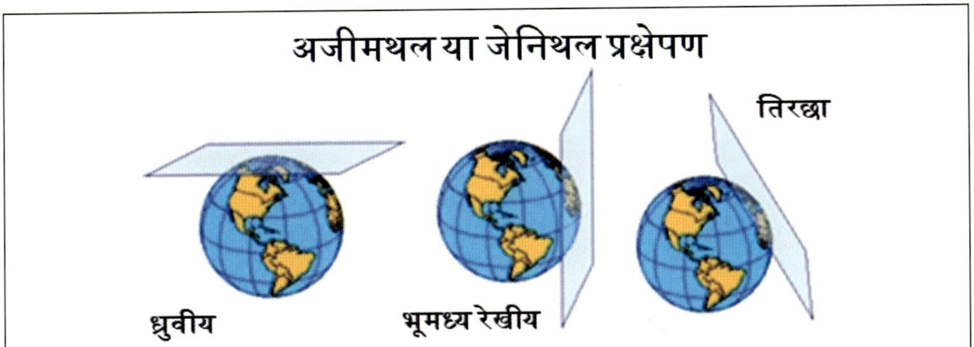

चित्र 6.3: ध्रुवीय, भूमध्य रेखीय एवं तिरछा अजीमथल या जेनिथल प्रक्षेप

6.4 स्टीरियोग्राफिक प्रक्षेप

वह प्रक्षेप जिसमें पृथ्वी के किसी भाग को एक स्पर्श तल (Tangent) पर प्रक्षेपित किया जाता है, स्टीरियोग्राफिक प्रोजेक्शन कहलाता है। यह शंकु (Conic) प्रक्षेपण की एक विशेष परिस्थिति है, जिसमें शंकु को तब तक चपटा किया जाता है जब तक वह एक सतह न बन जाए। इस प्रक्षेपण को दिगंशीय (Azimuthal) प्रक्षेपण भी कहते हैं क्योंकि इसमें सभी स्थानों की दिशाएँ सही होती हैं तथा कोई विरूपण भी नहीं होता। इस प्रक्षेपण को दो तरीकों से वर्गीकृत किया जा सकता है।

1. उस बिंदु के आधार पर जहाँ स्पर्श तल छूता हो जैसे ध्रुवीय, भूमध्य रेखीय, परोक्ष शीर्ष बिंदु आदि।
2. प्रकाश के स्रोत की स्थिति के आधार पर।

स्टीरियोग्राफिक प्रक्षेपण एक बहुत प्राचीन प्रक्षेपण है जिसकी खोज प्राचीन ग्रीस में हुई थी। इस विधि में आँख को ग्लोब की उस सतह पर रखा जाता है जिसके सामने वाले गोलार्ध का नक्शा बनाना हो। इस प्रक्षेपण की विशेषता कोणों का सही रहना है। इसमें क्षेत्रफल भी सही होता है।

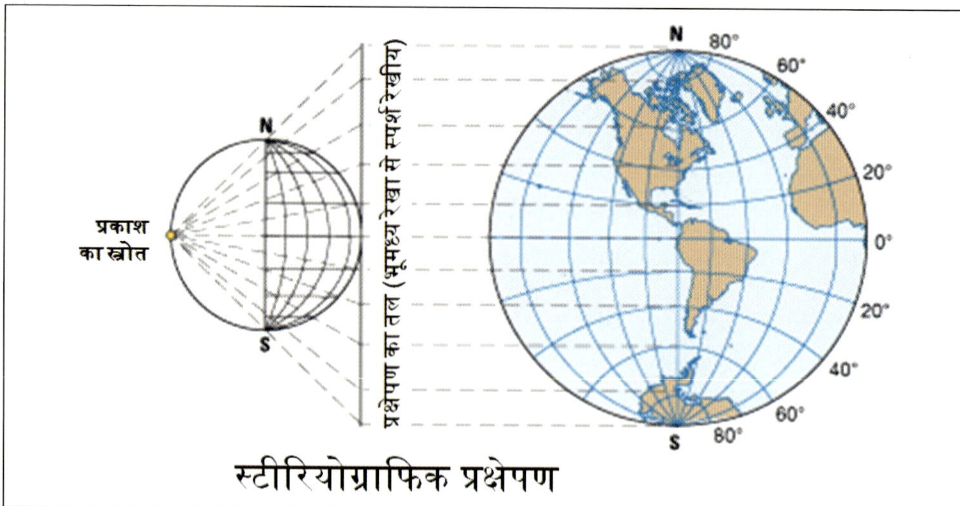

चित्र 6.4: स्टीरियोग्राफिक प्रक्षेपण

6.5 ग्नोमोनिक प्रक्षेपण

इस प्रक्षेपण में आँख को पृथ्वी के केंद्र पर स्थित कर प्रक्षेप किया जाता है। इसमें स्पर्श तल पर केवल छोटे भाग का ही प्रक्षेप संभव है। इस प्रक्षेप का उपयोग दो स्थानों के मध्य कम-से-कम दूरी का पता लगाने के काम आता है। इसका पैमाना स्थिर नहीं होता और बदलता रहता है इसलिए केंद्र से दूर जाने पर दूरी, क्षेत्रफल और आकार का विरूपण होता है। इसका उपयोग नौसंचालन में होता है क्योंकि इसमें बड़े चाप को सीधी रेखा से प्रदर्शित किया जाता है।

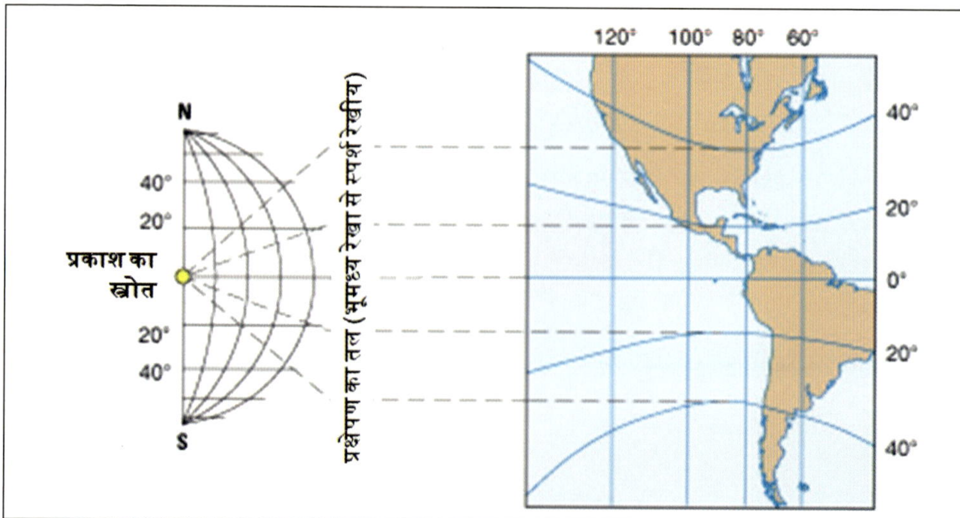

चित्र 6.5: ग्नोमोनिक प्रक्षेपण

6.6 शंकु प्रक्षेप (कॉनिक)

शांकव प्रक्षेप में पृथ्वी के ऊपर एक शंकु रखा जाता है जिसका शीर्ष सिरा ध्रुव के ऊपर होता है और शंकु की परिधि किसी भी चुने हुए अक्षांश को छूती है। चूंकि अक्षांश शीर्ष से समान दूरी पर होता है यह वृत्त की चाप बन जाती है। सभी समानांतर अक्षांश संकेंद्रित वृत्त बन जाते हैं और सभी देशांतर केंद्र से निकलने वाली सीधी रेखाएं होती हैं। आमतौर पर प्रयोग में आने वाले अधिकतः प्रक्षेप शांकव होते हैं। शांकव प्रक्षेप के मुख्य प्रकार निम्न हैं –

- एक मानक समानांतर के साथ सरल शंकु प्रक्षेप।
- दो मानक समानांतर के साथ सरल शंकु प्रक्षेप।
- बॉन प्रक्षेप।
- बहु-शंकु प्रक्षेप।
- लैंबर्ट का सही क्षेत्रफल वाला शंकु प्रक्षेप।

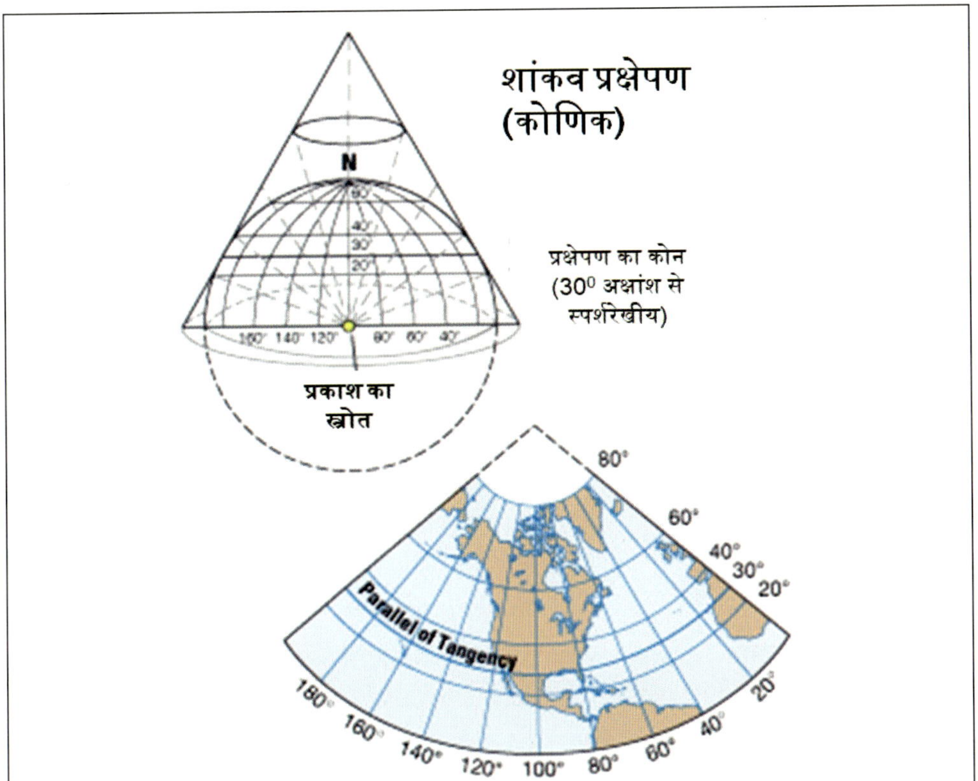

चित्र 6.6: शांकव प्रक्षेप (कोणिक)

6.7 बॉन प्रक्षेपण

इस प्रक्षेपण में केंद्रीय मेरिडियन (देशांश) एक सीधी रेखा होती है तथा बाकी देशांतर वक्र रेखाएँ होती हैं। सभी समानांतर (अक्षांश) केंद्रित वृत्त चाप होते हैं। केंद्रीय देशांतर पर सभी समानांतर के मध्य समान दूरी होती है। केंद्र से दूर जाने पर विरूपण की मात्रा बढ़ती जाती है।

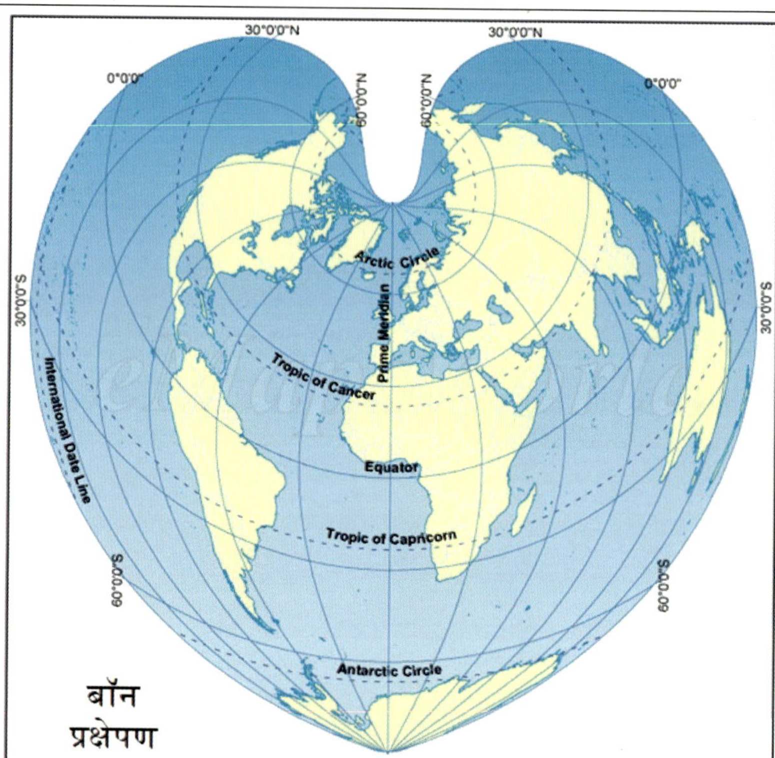

चित्र 6.7: बॉन प्रक्षेपण

6.8 बहु-शंकु प्रक्षेपण

यह प्रक्षेप कई शंकुओं से मिलकर बनता है। इसको बनाने में यह कल्पना की जाती है कि कई आकार के शंकु पृथ्वी पर टिके हैं जो अलग-अलग समानांतर रेखा को स्पर्श कर रहे हो।

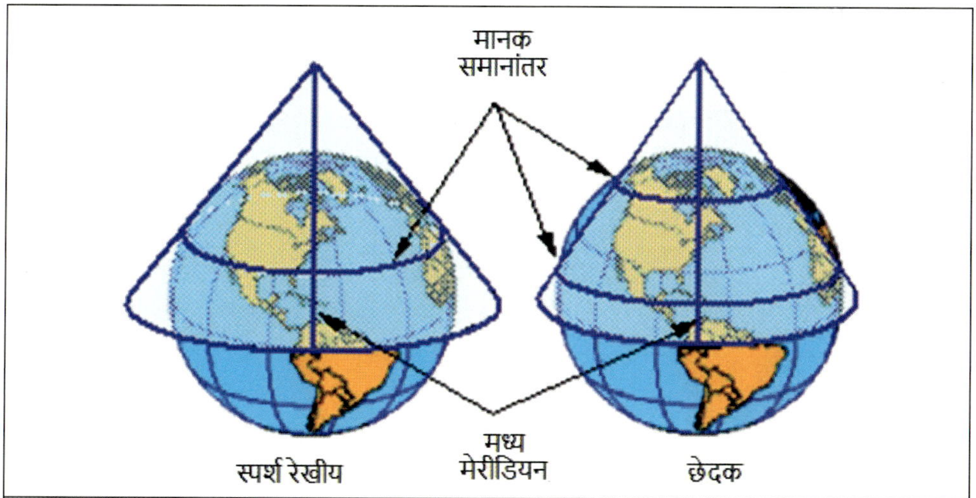

चित्र 6.8: बहु-शंकु प्रक्षेप और उसके प्रकार

इसकी विशेषताएँ इस प्रकार हैं:

- सभी समानांतर मानक समानांतर होते हैं।
- मध्य रेखांश को छोड़ कर बाकी सभी रेखांश वक्र रेखाएँ होती हैं।
- मध्य रेखांश और हर समानांतर का सही तरह से विभाजन होता है।
- न तो इसमें आकार सही होता है और न ही क्षेत्रफल। केवल मध्य रेखांश पर उत्तर-दक्षिण दिशा में सही दूरी रहती है।

बड़े क्षेत्र के लिए कम विरूपण होना इस प्रक्षेप की विशेषता है और यह 40° अक्षांश तक बहु-उपयोगी है। यह ऐसे देशों के नक्शे बनाने में अधिक उपयोगी है जिनका फैलाव अक्षांश में अधिक और देशांतर में कम होता है।

6.9 बेलनाकार प्रक्षेप

बेलनाकार प्रक्षेप में पृथ्वी का प्रक्षेप एक बेलन पर करके उस बेलन को खोल दिया जाता है। इससे ध्रुवों का प्रक्षेप नहीं किया जा सकता क्योंकि ध्रुव के समीप के स्थानों का बहुत अधिक विरूपण होता है। इस तरह के प्रक्षेप पूरी पृथ्वी को एक साथ दिखने के लिए प्रयोग में लाए जाते हैं।

मर्केटर प्रक्षेप बहुतायत में प्रयुक्त होने वाला है जिसका आविष्कार गेरहार्ड क्रेमर ने किया था। इस प्रक्षेप में रेखांश कभी भी नहीं मिलते। जैसे-जैसे नक्शे में हम ध्रुवों की ओर जाते रहते हैं, रेखांश के दो भागों की दूरी बढ़ती जाती है।

चित्र 6.9: बेलनाकार प्रक्षेप-अनुप्रस्थ और तिरछा

उत्तर और दक्षिण ध्रुव खींच कर भूमध्य रेखा के बराबर हो जाते हैं। इस प्रक्षेप में सारे अक्षांशों की लंबाई भूमध्य रेखा के बराबर हो जाती है जबकि वास्तविकता में जैसे-जैसे ध्रुव की तरफ बढ़ते हैं, अक्षांश की लंबाई कम हो जाती है।

विशेषताएँ

- इस प्रक्षेप में क्षेत्रफल सही नहीं होता। केवल भूमध्य रेखा पर क्षेत्रफल और आकार दोनों सही रहते हैं।
- अक्षांश और रेखांश सभी समानांतर सीधी रेखाओं से दर्शाए जाते हैं जो एक दूसरे को 90° के कोण पर काटते हैं।
- भूमध्य रेखा को एक सीधी रेखा से दर्शाया जाता है जो सही पैमाने पर होती है।
- दो बिंदुओं के मध्य की दिशा सही दिशा दर्शाती है।
- यह एक सही आकार दिखाने वाला प्रक्षेपण है।
- इस प्रक्षेपण से एक आयताकार नक्शा बनता है।

इस प्रक्षेप का मुख्य उद्देश्य नाविक नक्शे बनाना है। इसके द्वारा दो स्थानों के बीच में आवागमन के लिए लिया जाने वाला रास्ता उन दो स्थानों को सीधी रेखा से जोड़ने पर निकाला जा सकता है।

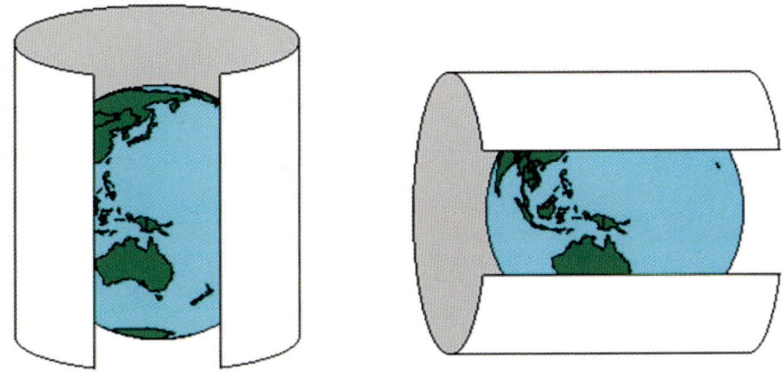

चित्र 6.10: मर्केटर प्रक्षेप

6.10 यूनिवर्सल ट्रांसवर्स मर्केटर (यूटीएम)

यह एक आधुनिक निर्देशांक प्रणाली है जिसका उद्देश्य द्वि-आयामी कार्टिशियन निर्देशांक की सहायता से पृथ्वी के स्थानों की स्थिति देना है। इसका आविष्कार सन् 1940 में हुआ था। यह अक्षांश और देशांतर के समान है पर अंश, मिनट और सेकंड के स्थान पर इसमें मीटर का प्रयोग होता है। इसका उपयोग बहुत ही आसान है। यह निर्देशांक पूरी पृथ्वी को दोनों ध्रुवों के बीच 6 खंडों में विभाजित कर हर खंड को अनुप्रस्थ मर्केटर पर प्रक्षेपित करता है जिसमें केंद्र मेरिडियन उस खंड के मध्य से गुजरती है। यूटीएम में एक प्रक्षेपण नहीं वरन् 60 प्रक्षेपण का प्रयोग होता है। हर खंड 6 डिग्री रेखांश का होता है। 80° दक्षिण से 84° उत्तर तक के अक्षांश को 60 खंडों में विभाजित करते हैं जिसमें हर खंड 6° रेखांश चौड़ाई का होता है। 180° से 174° पश्चिम रेखांश, खंड 1 या जोन 1 कहलाता है और नंबर पूर्व की ओर बढ़ते जाते हैं। 174° से 180° पूर्व रेखांश, खंड 6° कहलाता है।

हर खंड का प्रक्षेप अनुप्रस्थ मर्केटर पर किया जाता है जो वृहद उत्तर-दक्षिण विस्तार और कम पूर्व-पश्चिम विस्तार के लिए उपयोगी है और जिसमें बहुत कम विरूपण (Distortion) होता है। 6° रेखांश के सकरे खंड और स्केल फैक्टर 0.9996 के साथ इस प्रक्षेप में विरूपण 1/1000 से भी कम होता है। हर खंड के अक्षांशों को 8° के उपखंड में विभाजित किया जाता है जिसके कारण एक-एक उपखंड 6°X8° का होता है। हर उपखंड का नाम 80°S से प्रारंभ कर C, D आदि दिया जाता है। अंग्रेजी वर्णमाला के 'आई' और 'ओ' का प्रयोग इनकी 'एक' और 'शून्य' से समानता के कारण नहीं किया जाता। आखिरी अक्षांश बैंड X में 4° अधिक जोड़ दिए जाते हैं जिससे इस खंड की सीमा 84° उत्तर तक हो जाती है और पूरी पृथ्वी का प्रक्षेप संभव हो जाता है। एक रेक्षांश और अक्षांश के मेल क्षेत्र को ग्रिड क्षेत्र (Gridzone) कहते हैं। हैदराबाद का ग्रिड क्षेत्र 44 क्यू और दिल्ली का 43 आर है।

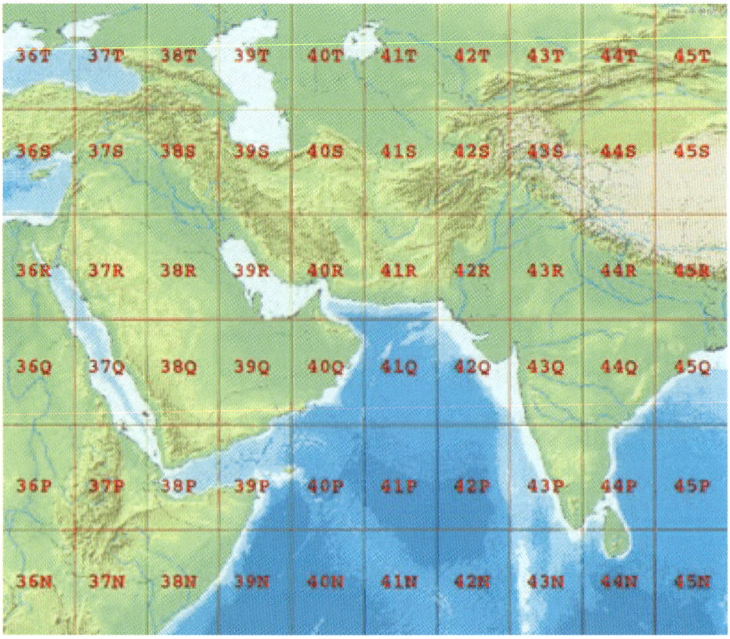

चित्र 6.11: यूटीएम ग्रिड नंबर

पृथ्वी के किसी भी स्थान की स्थिति को उसके यूटीएम ग्रिड क्षेत्र तथा ईस्टिंग/नॉर्थिंग निर्देशांक से बताया जा सकता है। हर ग्रिड का मूल वह बिंदु होता है जहाँ पर भूमध्य रेखा और क्षेत्र की मध्यांह मेरिडियन एक दूसरे को काटते हैं।

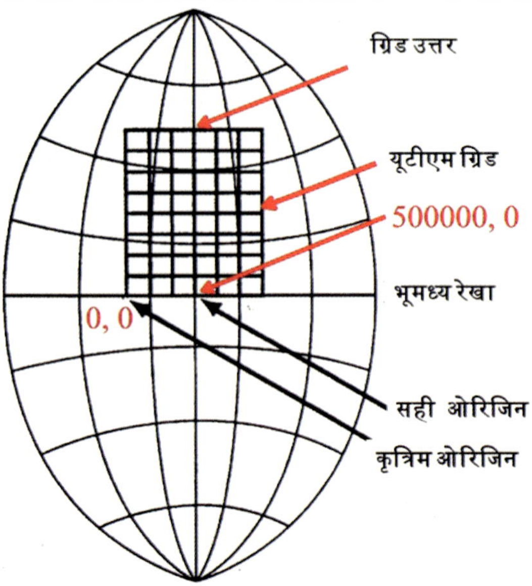

चित्र 6.12: यूटीएम ग्रिड का विवरण

ऋणात्मक संख्याओं से बचने के लिए मध्यांह मेरिडियन को 500, 000 मीटर पूर्व से परिभाषित किया जाता है। 100 किलोमीटर पश्चिम स्थित बिंदु की ईस्टिंग 400, 000 मीटर होगी और पृथ्वी पर उसकी दूरी 100 किलोमीटर से थोड़ी ही अधिक होगी। यूटीएम की ईस्टिंग भूमध्य रेखा पर 1, 67, 000 से 8, 33, 000 मीटर रहती है।

अध्याय-7

जीपीएस

ट्रांसिट उपग्रह के प्रक्षेपण के भी पहले अमेरिकी रक्षा विभाग के मन में कुछ था जो कि बाद में नौसंचालन उपग्रह समय और वैश्विक स्थिति निर्धारण प्रणाली (नेविगेशन सैटेलाइट टाइमिंग एंड रेंजिंग ग्लोबल जीपीएस, NAVSTAR जीपीएस) के रूप में सामने आया जिसे जीपीएस के नाम से जाना जाता है। इस प्रणाली का विकास सन् 1973 में प्रारंभ हुआ। अपने 24 उपग्रहों के साथ यह सन् 1994 से कार्यरत है। नवस्टार जीपीएस एक उपग्रह आधारित, रेडियो आधारित, रेडियो और समय स्थिति और समय हस्तांतरण प्रणाली है जो अमेरिकी रक्षा विभाग द्वारा अभिकल्पित, वित्तपोषित, तैनात और संचालित है। कम-से-कम चार उपग्रह आवश्यक होते हैं, जिनमें से तीन त्रि-आयामी जानकारी के लिए होते हैं, तथा एक के द्वारा समय की जानकारी रख कर, त्रुटियाँ कम की जाती हैं। जीपीएस सबसे उन्नत वास्तविक समय स्थिति तकनीक है जो कोडित उपग्रह संदेश भेजने पर आधारित है। इस कोडित संदेश को अभिग्राही द्वारा ग्रहण किया जा सकता है जिसमें एंटीना, बिजली का स्रोत (बैटरी), ओस्सिलेटर (आमतौर पर क्वाट्र्ज़ क्रिस्टल), आंतरिक घड़ी और छोटा कंप्यूटर लगे होते हैं।

ट्रांसिट उपग्रह की तरह जीपीएस में भी, उपग्रह एक दी हुई आवृत्ति पर समय और स्थिति संकेत भेजते हैं पर डॉप्लर शिफ्ट की गणना स्थिति निर्धारण के लिए आवश्यक नहीं। अमेरिका इसे 80 के दशक के अंत तक पूरी तरह से कार्यरत बनाना चाहता था, परंतु कई अपरिहार्य कारणों से जिस में 1986 की चैलेंजर अंतरिक्ष शटल की दुर्घटना शामिल है, यह संभव नहीं हो सका।

7.1 जीपीएस की कार्य प्रणाली

जीपीएस की कार्य प्रणाली की धारणा बहुत ही सरल है। यह एक दूरी (रेंजिंग) प्रणाली है, जिसमें प्रयोक्ता यह जानने का प्रयास कर रहा है कि वह निर्धारित उपग्रह से कितनी दूरी पर है। इसमें कोई भी अंतर्निहित वेक्टर जानकारी नहीं है जो दिगंश (Azimuth) और ऊँचाई सूचित करें। जीपीएस केवल हर दिशा में संकेत भेजता है। संक्षेप में जीपीएस, त्रिपार्श्वन (Trilateration) के सिद्धांत पर कार्य करता है। इसमें एक अज्ञात स्थान की स्थिति उस त्रिभुज की भुजाओं की लंबाई नापकर की जाती है, जो अज्ञात स्थान और ज्ञात स्थिति के दो स्थानों से होकर गुजरता है। हर उपग्रह एक अलग संकेत (जो उस उपग्रह की पहचान है) का संचरण करता है। अभिग्राही हर उस उपग्रह से संकेत प्राप्त करते हैं जो अभिग्राही तक पहुँच रहे हैं और फिर संकेत को अभिग्राही तक पहुँचने के समय की गणना की जाती

है। दूरी की गणना के लिए समय को गति से गुणा किया जाता है। चूंकि गति (3, 00, 000 किलोमीटर / सेकंड) ज्ञात है, तो संकेत ने समय से दूरी की गणना हो जाती है।

जीपीएस प्रणाली एक बहुत ही सटीक समय प्रणाली है जिसके हर उपग्रह में कई परमाणु घड़ियाँ हैं जो लगातार विभिन्न आवृत्तियों पर कोडित संदेशों का प्रसारण करती हैं, जिन्हें अभिग्राही प्राप्त करते हैं। परमाणु घड़ियाँ समय को नापने का अब तक का सबसे अच्छा साधन है। जीपीएस में प्रयुक्त सीजियम परमाणु घड़ी में सीजियम परमाणुओं को माइक्रोवेव ऊर्जा से कंपित किया जाता है और उस कंपन से समय को नापा जाता है। आधुनिक सीजियम घड़ियों का बहुत ही असाधारण मानक है जो 1014 का 2 या 3वां भाग है। इसे 2 नैनो सेकंड प्रतिदिन या सेकंड के 2 खरब भाग से भी दर्शाया जा सकता है। अंतर्राष्ट्रीय परमाणु समय (टीएआई) को सन् 1971 में परिभाषित किया था जो समंवित सर्वव्यापी समय (यूटीसी) का आधार है। सबसे संभव सही समय के निर्धारण के लिए यूटीसी का ही प्रयोग होता है। अंतर्राष्ट्रीय परमाणु समय (टीएआई) विश्व में फैली 200 परमाणु घड़ियों का समय औसत लेता है क्योंकि स्थान विशिष्ट समय गुरुत्व बल से प्रभावित होते हैं।

जीपीएस से दो प्रकार के संकेत भेजे जाते हैं जो हैं नागरिक या अपरिष्कृत अधिकरण (सी / ए) और सैन्य (परिशुद्धित) संकेत। इन दोनों संकेतों को दो आवृत्तियों L1 1575.43 MHz (C/A और P) और L2 1227.6 MHz (P कोड) पर भेजा जाता है।

नागरिक संकेत में सूडो रैंडम बाइनरी (युग्मक) कोड जो 1023 बिट सूक्ष्म तरंग संकेतों से बने हैं, का 1.023 Mb/s पर हर मिली सेकंड पर पुनः प्रसारण होता है। हर उपग्रह एक विशिष्ट संकेत का प्रसारण करता है और अभिग्राही एक ही आवृत्ति पर कई उपग्रहों की पहचान करने के लिए कोड डिवीजन मल्टीपल एक्सेस (सीडीएमए) संसाधन का उपयोग करता है। प्रत्येक उपग्रह एक नौसंचालन संदेश प्रसारित करता है जिसमें उपग्रह से संबंधित आँकड़े होते हैं जिनके द्वारा अभिग्राही कक्ष में स्थित उपग्रहों की सटीक स्थिति के साथ-साथ उपग्रहों के स्वास्थ्य और स्थिति की भी गणना कर सकते हैं। नागरिक जीपीएस अभिग्राही के लिए गति और ऊँचाई की सीमा होती है। कोई भी नागरिक अभिग्राही 1,182 किलोमीटर प्रति घंटे की गति और 19, 812 किलोमीटर की ऊँचाई पर कार्य करना बंद कर देगा।

सैन्य परिशुद्धित कोड भी सूडो रैंडम कोड हैं पर ये 720Gb के होते हैं और हर हफ्ते दोहराए जाते हैं। इन्हें 10.23 Mb/s पर प्रसारित किया जाता है। P कोड या संकेतों का अनाधिकृत प्रयोग रोकने के लिए एक वर्गीकृत वाई कोड प्रसारित किया जाता है। इस कोड को केवल सैनिक अभिग्राही द्वारा ही संसाधित किया जा सकता है। यह उच्च वेग और ऊँचाई पर कार्य कर सकता है और नागरिक कोड की तुलना में अधिक सटीक स्थिति प्रदान करता है।

नौसंचालन संदेश के तीन भाग होते हैं। जीपीएस तारीख, समय और उपग्रह की स्थिति पहला भाग है। उपग्रह की एफेमेरिस (Ephemeris) दूसरा भाग है और तीसरा भाग

अल्मानाक (पंचांग) है जिसमें हर उपग्रह के स्वास्थ्य की जानकारी है। एफेमेरिस आँकड़े केवल 4 घंटों के लिए वैध होते हैं। अल्मानाक आँकड़े 180 दिन के लिए वैध हैं पर उन्हें रोज अद्यतन (Update) करते हैं। अल्मानाक के आँकड़ों से अभिग्राही यह तय करता है कि कौन से उपग्रह प्रयोग में लाने हैं। जैसे ही उपग्रह से संकेत मिलता है, सबसे पहले एफेमेरिस डाउनलोड होते हैं जो उपग्रह के नौसंचालन में उपयोग के लिए आवश्यक हैं।

अल्मानाक आँकड़ों में उपग्रह की स्थिति और कक्ष से संबंधित आँकड़े, आयन मण्डल की जानकारी (जीपीएस त्रुटि का मुख्य स्रोत) और जीपीएस समय की जानकारी रहती है। अभिग्राही को प्रारंभ करते ही कौन से उपग्रह दिखाई दे रहे हैं यह तुरंत पता चल जाता है।

उपग्रह नियंत्रण खंड के माध्यम से इफिमेरिस हर दो घंटे में अद्यतन होते हैं जो चार घंटों के लिए मान्य होते हैं। सस्ते अभिग्राही को करीबन 30 से 40 सेकंड आँकड़े डाउनलोड करने में लगता है। इन आँकड़ों को जीपीएस वाहक आवृत्ति से मिलाकर पृथ्वी पर प्रसारित कर दिया जाता है जिसके लिए 1575.42 MHz (L1 आवृत्ति) और 1227.60 MHz (L2) आवृत्तियों का प्रयोग होता है। C/A कोड को L1 पर और P कोड को L1 और L2 दोनों आवृत्तियों पर प्रसारित किया जाता है। नागरिक जीपीएस अभिग्राही में वही 1023 पीआरएन कोड होते हैं जिनका मिलान उपग्रह से मिले संकेतों के साथ किया जाता है। एक ही संकेत के समय अंतर से स्थिति का निर्धारण होता है। इसे उपग्रह रेंजिंग कहते हैं जिसमें उपग्रह से अभिग्राही की दूरी, संकेत के उपग्रह से निकलने और अभिग्राही तक पहुँचने के समय के अंतर से निकाली जाती है। परमाणु घड़ियाँ बहुत महंगी होने के कारण वे सस्ते जीपीएस अभिग्राही में नहीं लगाई जाती। इस कमी को दूर करने के लिए चार या अधिक उपग्रहों के संकेतों को लेकर उनके द्वारा सही समय की गणना करते हैं जो केवल एक ही सही समय हो सकता है जिसके लिए सभी उपग्रह उचित रूप से श्रेणी बद्ध हो सकते हैं। जैसे ही जीपीएस अभिग्राही को चालू किया जाता है, उसे उपग्रह से संकेत मिलने लगते हैं। निकले संकेत और पहुँचने वाले संकेत के अंतराल के मध्य अंतर से दूरी की गणना हो जाती है। एक उपग्रह के संकेतों से मिली गणना के आधार पर यह कहा जा सकता है कि प्रयोक्ता चित्र में दिखाए गोले की सतह पर कहीं है। दो उपग्रहों के प्रयोग से प्रयोक्ता की स्थिति चित्र में दिखाए अनुसार एक दीर्घ वृत्ताभ पर होगी जो दोनों गोलों का प्रतिच्छेदन हो। तीसरे उपग्रह का प्रयोग करते ही प्रयोक्ता की संभावित स्थिति केवल दो स्थानों में बदल जाएगी जिसमें से एक पृथ्वी पर होगा। चौथे उपग्रह के प्रयोग से केवल एक संभावित स्थिति बचेगी जो चारों गोलों के प्रतिच्छेदन पर हो। इस प्रक्रिया से जीपीएस को पृथ्वी पर, हवा में और कम ऊँचाई वाले कक्ष में कहीं पर भी स्थिति और सटीक समय जानने के लिए प्रयोग कर सकते हैं।

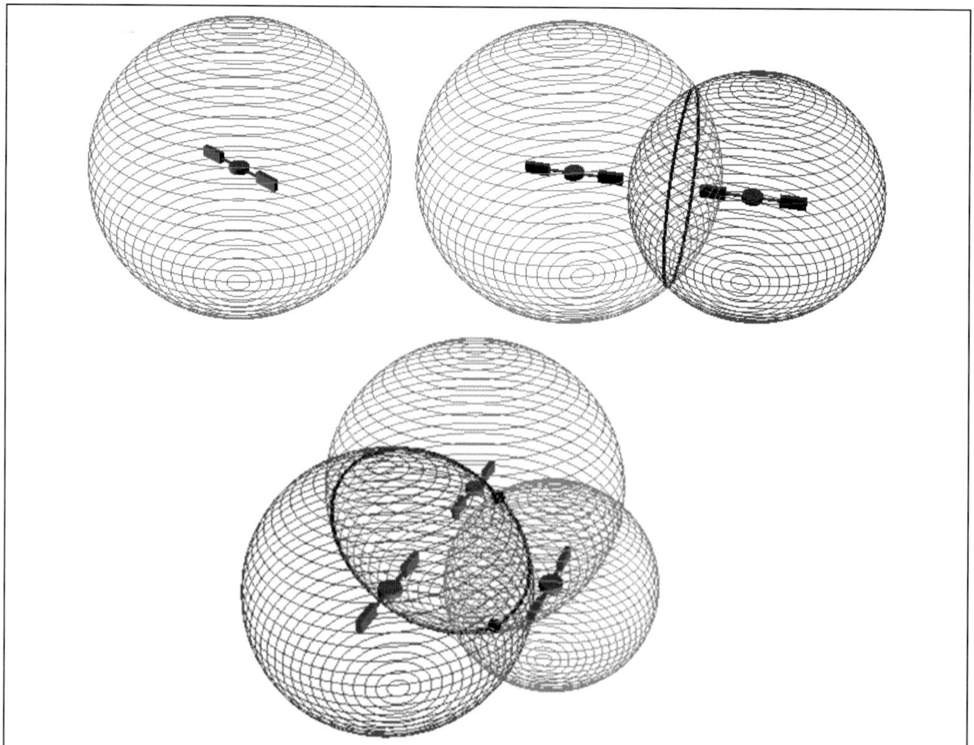

चित्र 7.1: तीन उपग्रहों के साथ स्थिति निर्धारण

7.2 जीपीएस की सेवा का स्तर

संचालन और स्थिति निर्धारण के लिए दो स्तर की सेवाएँ जीपीएस द्वारा दी जाती हैं।

7.2.1 मानक स्थिति निर्धारण (एसपीएस)

यह मानक सटीकता प्रदान करता है और सभी प्रयोक्ताओं के लिए साधारण अभिग्राही के साथ उपलब्ध है, लेकिन कुछ ऐसी तकनीकें उपलब्ध हैं जिसके द्वारा मानक सेवा से भी अधिक सटीकता मिल सकती है।

7.2.2 सटीक स्थिति निर्धारण (पीपीएस)

यह बहुत सटीक जानकारी देता है पर यह सेवा मुख्य रूप से सैन्य और अन्य अधिकृत प्रयोक्ताओं के लिए उपलब्ध है। इस सेवा के लिए विशेष अभिग्राही का भी प्रयोग करना पड़ता है। दोनों सेवाओं के लिए प्रकाशित विनिर्देश इस प्रकार हैं।

सारणी 7.1: जीपीएस सेवा के प्रकाशित विनिर्देश		
	मानक	**सटीक**
क्षैतिज सटीकता	100 मीटर	17.8 मीटर
खड़ी सटीकता	156 मीटर	27.7 मीटर
समय सटीकता	167 नैनो सेकंड	100 नैनो सेकंड

7.3 जीपीएस खंड (सेगमेंट)

जीपीएस के तीन खंड होते हैं:

1. अंतरिक्ष खंड।
2. नियंत्रण खंड।
3. प्रयोक्ता खंड।

7.3.1 अंतरिक्ष खंड

जीपीएस प्रणाली के तहत संयुक्त राष्ट्र अमेरिका 24 परिचालन उपग्रह 95% समय के लिए उपलब्ध करवाने के लिए प्रतिबद्ध है। इसके लिए पिछले 5 वर्षों से 31 उपग्रह अंतरिक्ष में चक्कर लगा रहे हैं जो 6 विभिन्न कक्षीय सतह में पृथ्वी की परिक्रमा करते हैं।

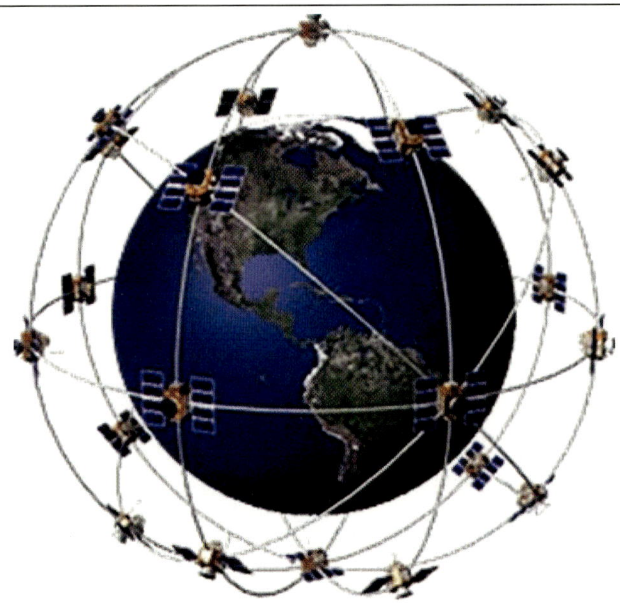

चित्र 7.2: जीपीएस उपग्रह 6 कक्षीय सतह में पृथ्वी का चक्कर लगाते हुए

हर कक्ष में 4-5 उपग्रह होते हैं जो 20, 200 किलोमीटर के मध्यम ऊँचाई कक्ष में भूमध्य रेखा से 55 अंश का कोण बनाते हुए एक चक्कर 12 घंटे में पूरा करते हैं। पृथ्वी की घूर्णन गति के कारण करीबन 23 घंटे 56 मिनट में उपग्रह अपनी प्रारंभिक स्थिति में आते हैं।

अंतरिक्ष में उपग्रह का प्रक्षेपण और विन्यास इस प्रकार किया जाता है कि किसी भी समय प्रयोक्ता को कम से कम 5 उपग्रहों से संकेत मिले। जीपीएस के उपग्रह कई समूहों में प्रक्षेपित किये गए थे। समूह एक के 11 उपग्रह 1980 में प्रक्षेपित हुए थे। समूह दो के उपग्रह सन् 1989 में प्रक्षेपित हुए। सन् 1994 तक 24 उपग्रह कार्यरत थे। जून 2022 तक 78 जीपीएस उपग्रह बनाये गए, जिनमें से 31 प्रक्षेपित होकर वर्तमान में कार्य कर रहे हैं, 3 अस्वस्थ या संरक्षित हैं, 41 सेवा निवृत्त हैं, 2 प्रक्षेपण के दौरान कहीं खो गए और एक प्रोटोटाइप का कभी प्रक्षेपण नहीं हुआ। समूह का विस्तृत विवरण सारणी 7.2 में उपलब्ध है।

सारणी 7.2: जीपीएस समूह के उपग्रहों का वर्णन

समूह	**प्रक्षेपित**	**कार्यरत**	**परीक्षण आरक्षित**	**सेवामुक्त**	**प्रक्षेपण में विफल**
समूह I	11	0	0	10	1
समूह II	9	0	0	9	0
समूह IIA	19	0	0	19	0
समूह IIR	13	7	2	3	1
समूह IIRM	8	7	1	0	0
समूह IIF	12	12	0	0	0
समूह III	5	5	0	0	0
कुल	**77**	**31**	**3**	**41**	**2**
ए-उन्नत (Advanced) आर-भराई (Replenishment) एफ़-अनुकरण (Follow) एम-आधुनिक (Modern)					

उपग्रह की ज्यामिती स्थिति की सटीकता को प्रभावित करती है। उपग्रह जितना एक दूसरे से दूर रहेंगे, उतना सटीक परिणाम आएगा। नौसंचालन समाधान की सटीकता के लिए उपग्रह ज्यामिती के योगदान को मापने के लिए विकसित मापदंड को ज्यामितीय परिशुद्धि विलयन/विरलीकरण (GDOP Geometric Dilution of Precision) कहते हैं। इसे निम्न तरह से परिभाषित किया है:

पीडीओपी	तीन आयामी स्थिति में परिशुद्धता विरलीकरण-हवाई अभिग्राही के लिए।
एचडीओपी	क्षैतिज परिस्थिति में परिशुद्धता विरलीकरण-समुद्री अभिग्राही के लिए।
वीडीओपी	ऊर्ध्वाधर परिस्थिति में परिशुद्धता विरलीकरण-हवाई जहाज के अवतरण के लिए।
टीडीओपी	समय परिशुद्धता विरलीकरण-उन वैज्ञानिक, इंजीनियर और सैन्य कर्मियों के लिए जो जीपीएस का उपयोग घड़ियों के समकालन (Synchronisation) में करते हैं।

7.3.2 नियंत्रण खंड

जीपीएस के उपग्रहों की निगरानी, नियंत्रण और उन्हें वश में रखने के लिए नियंत्रण खंड जिम्मेदार हैं। ये L बैंड डाउन लिंक संकेतों पर निगरानी रखते हैं, नौवहन संकेतों का अद्यतन करते हैं और उपग्रह की विसंगतियों का निराकरण करते हैं। इसके अतिरिक्त हर उपग्रह के स्वास्थ्य पर नजर रखना, उपग्रह की बैटरी रिचार्जिंग से जुड़े कार्यों का प्रबंधन करना, उपग्रह के नीतभार का नियंत्रण करना आदि कार्य भी नियंत्रण खंड का है। वर्तमान परिचालन नियंत्रण खंड में एक मास्टर मुख्य नियंत्रण स्टेशन, एक वैकल्पिक मास्टर नियंत्रण स्टेशन, 11 कमान और नियंत्रण एंटीना और 15 निगरानी स्थान शामिल हैं।

नियंत्रण खंड के तीन मुख्य भाग हैं–

1. उपखंड–1: इसमें कक्ष में घूमते उपग्रहों के आँकड़ों को एकत्र करने के लिए 5 ट्रैकिंग स्टेशन होते हैं जो दो आवृत्ति अभिग्राही जिनमें बहुत सटीक सीजियम दोलित्र (Oscillator) लगे होते हैं, के द्वारा ट्रैकिंग करते हैं। ये क्षोभमंडल (Toposphere) देरी के सही मूल्यांकन के लिए मौसम संबंधी आँकड़ें भी एकत्र करते हैं।
2. उपखंड–2: इसमें एक मास्टर नियंत्रण केंद्र होता है जो 5 ट्रैकिंग स्टेशन के आँकड़ों को लेकर उपग्रह की कक्षाओं की भविष्यवाणी करता है। यह घड़ियों के समय में सुधार कर प्रसारण स्टेशन को भेजता है।
3. उपखंड–3: इसमें 3 प्रसारण स्टेशन हैं जो उपग्रह को नवीनतम आँकड़े प्रसारित करते हैं। ये दूरमिति संदेश भी भेजते हैं।

जीपीएस के नियंत्रण खंड में मुख्य नियंत्रण स्टेशन (एमसीएफ़) है जो फाल्कन एयरफोर्स बेस कोलोरेडों स्प्रिंग, कोलोरेडों, अमेरिका में स्थित है। इनके अलावा वायुसेना, भूमध्य रेखा पर करीबन समान दूरी पर स्थित तीन प्राथमिक जमीनी एंटीना को अनुरक्षित रखता है। किसी भी आपात स्थिति में कार्य करने के लिए सनिवेल, कैलिफोर्निया और रोकवेल, मेरीलैंड में बैकअप स्टेशन हैं। मास्टर नियंत्रण स्टेशन का मुख्य कार्य इस प्रकार हैः

जून 2022 तक 78 जीपीएस उपग्रह बनाये गए हैं, जिनमें से 31 प्रक्षेपित होकर वर्तमान में कार्य कर रहे हैं, 3 अस्वस्थ या संरक्षित हैं, 41 सेवा निवृत्त हैं, 2 प्रक्षेपण के दौरान कहीं खो गए और एक प्रोटोटाइप का कभी प्रक्षेपण नहीं हुआ।

मास्टर नियंत्रण स्टेशन

- संसाधनों का आवंटन और शेड्यूल बनाना।
- नौवहन संदेश तैयार करना।
- उपग्रह का स्वास्थ्य देखना।
- नक्षत्र तुल्यकालन परिचालन।
- जीपीएस प्रणाली की स्थिति/प्रदर्शन का मूल्यांकन करना और सूचना देना।

चित्र 7.3 में जीपीएस के नियंत्रण खंड के घटकों के स्थान दर्शाये गए हैं। चित्र में दर्शाए अनुसार क्वाजलीन एटोल, असेंशन द्वीप, डिएगोगार्शिया द्वीप और केप कैनवरल, फ्लोरिडा में उपग्रहों के साथ संप्रेषण के लिए चार निगरानी स्टेशन हैं। इन स्टेशनों को परमाणु घड़ी तुल्यकालन, नौवहन संदेशों का अद्यतन और अन्य आँकड़े भेजने के लिए प्रयोग में लाया जाता है। ये बहुत सुरक्षित सुविधाओं में स्थित हैं और भूमध्य रेखा के करीब हैं।

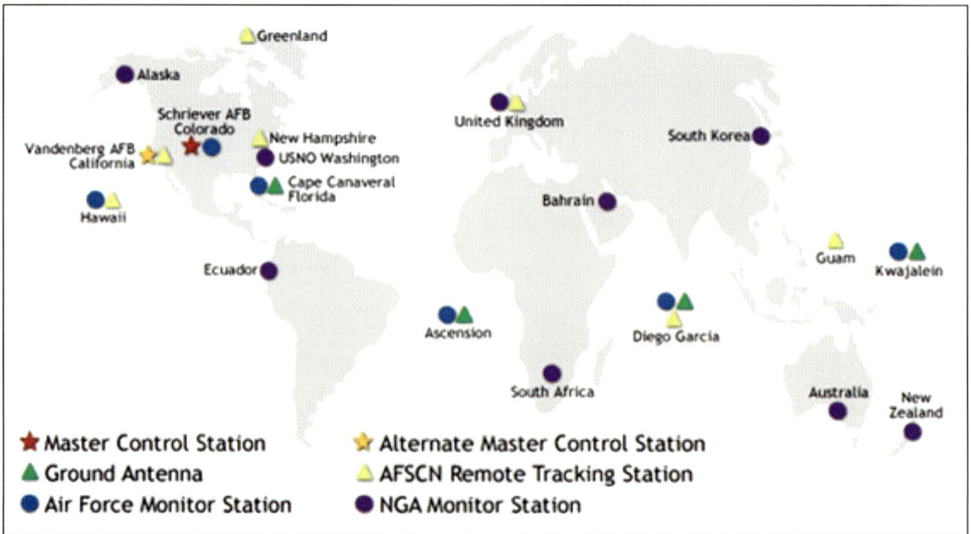

चित्र 7.3: जीपीएस के विभिन्न खंडों के स्थान
स्रोत: http://www.gps.gov/systems/gps/control/

निगरानी स्टेशन के कार्य इस प्रकार हैं:

निगरानी स्टेशन
• नौवहन संदेश पर निगरानी।
• रेंज (दूरी) और वाहक का माप।
• वायुमंडलीय आँकड़ों का संग्रह।
• जीपीएस प्रयोक्ता के प्रदान किए कोडमुक्त नौवहन संकेतों का संग्रह।

पूरे विश्व में 15 निगरानी स्टेशन हैं जिसमें 6 वायुसेना के और 9 राष्ट्रीय भू-स्थानिक संस्था के हैं।

क्वाजलीन एटोल, असेंशन द्वीप, डिएगोगार्शिया द्वीप में अपलोड जमीनी एंटीना भी सह स्थित हैं। ये कमान और नियंत्रण के लिए जीपीएस उपग्रहों के साथ संवाद करते हैं। एस बैंड संचार लिंक द्वारा ये नौवहन आँकड़े, संसाधक आँकड़े अपलोड करते हैं।

जमीनी एंटीना
• उपग्रहों को आदेश का प्रसारण।
• उपग्रहों को संसाधक भार का प्रसारण।
• उपग्रहों को नौवहन अपलोड का प्रसारण।
• उपग्रह दूरमिति संग्रह।

7.3.3 प्रयोक्ता खंड

प्रयोक्ता खंड को साधारणतया जीपीएस रिसीवर या अभिग्राही के रूप में जाना जाता है। ये उपकरण, प्रेषित L बैंड संकेतों को ग्रहण करते हैं ताकि स्थिति और समय की गणना हो सके। लघुकरण और बड़े पैमाने पर उत्पाद होने के कारण कम कीमत के जीपीएस उपकरण बाजार में उपभोक्ता के लिए उपलब्ध हैं। दैनिक जीवन में उपयोग में आने वाली वस्तुओं जैसे फोन, पीडीए, गाड़ियों आदि में जीपीएस का उपयोग होता है।

जीपीएस अभिग्राही, सर्वेक्षण में बहुत महत्त्वपूर्ण भूमिका निभाते हैं। इसकी विशेषताएँ और क्षमताएँ प्रयोक्ता के काम को प्रभावित करती हैं। बाजार में कई तरह के अभिग्राही उपलब्ध हैं जिनमें से कुछ सर्वेक्षण के लिए उपयुक्त हैं। उचित प्रक्रिया और आँकड़ों के साथ ये आम तौर पर सेंटीमीटर से लेकर मीटर तक की परिशुद्धता देने में सक्षम हैं। इनमें से कई अंतरी जीपीएस, वास्तविक समय जीपीएस, स्थिर जीपीएस आदि कार्य करने में सक्षम हैं और उनमें संसाधन और नेटवर्क समायोजन (Adjustment) सॉफ्टवेयर होता है।

जीपीएस अभिग्राही कई तरह के आकार और आकृति में आते हैं। कुछ में बाह्य बैटरी लगी होती है। कुछ तिपाई पर होते हैं तो कुछ हाथ में पकड़ने के लिए बने होते हैं।

जीपीएस अभिग्राही का मुख्य कार्य जीपीएस उपग्रह से संकेतों को लेना और उन्हें स्थिति, गति और समय में परिवर्तित करना है। जीपीएस संकेत कम शक्ति के होने के कारण चुनौती उत्पन्न करते हैं। एक परिक्रमा करता जीपीएस उपग्रह 28 डिग्री चाप(Arc) के शंकु में संकेतों का प्रसारण करता है। करीबन 2000 किलोमीटर की ऊँचाई से भेजे ये संकेत पूरे ग्रह के बड़े भाग में संकेत भेजते हैं। इनकी तुलना में संचार उपग्रह अधिक तीव्रता के संकेत एक निर्दिष्ट दिशा में भेजते हैं और जिन्हें बड़े डिश एंटीना के द्वारा ग्रहण किया जाता है। जीपीएस अभिग्राही छोटा और अपेक्षाकृत गैर दिशात्मक एंटीना है जिसे जीपीएस उपग्रह द्वारा अधिक क्षेत्र में भेजे कम शक्ति के संकेतों को ग्रहण करना पड़ता है। इसलिए जीपीएस संकेत जानकारी ले जाने के लिए अधिक बैंडविड्थ का प्रयोग करते हैं। जब जीपीएस संकेत अभिग्राही तक पहुँचते हैं तब उनकी तीव्रता रव (Noise) के स्तर के आस पास होती है पर अभिग्राही के सभी तत्त्व सहयोगात्मक और पुनरावृत्तीय (Iteratively) तरीके से परिष्कृत कर संकेतों को ग्रहण कर लेते हैं।

अभिग्राही के मुख्य भाग और उनका कार्य इस प्रकार हैं:

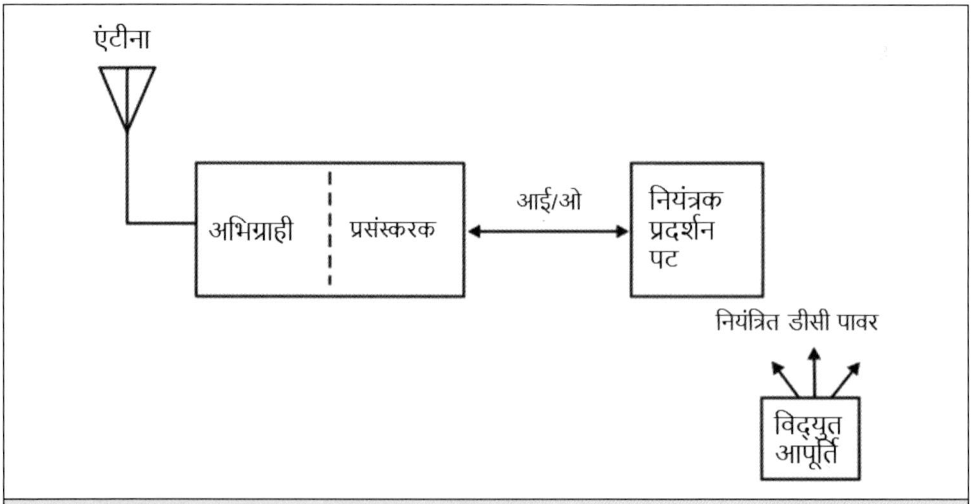

चित्र 7.4: जीपीएस अभिग्राही के मुख्य भाग

- एंटीना - एंटीना का काम 1572.52 MHz की आवृत्ति पर बेहद कमजोर उपग्रह संकेतों को भी प्राप्त करना है।
- कम शोर (रव) प्रवर्धक (LNA) - इसका कार्य संकेतों को 15 से 20 डीबी तक बढ़ाना है।
- आरएफ फिल्टर - जीएनएसएस संकेतों का बैंडविड्थ 2 MHz होता है। नजदीकी आवृत्तियों के कारण होने वाले व्यवधान को आरएफ़ फिल्टर कम करता है।

- आरएफ़ चरण - प्रवर्धित जीएनएसएस के संकेतों को स्थानीय दोलक की आवृत्ति के साथ मिलाया जाता है। फिल्टर किए संकेतों को एक आयाम (Amplitude) के निरंतर स्तर पर रखा जाता है।
- संकेत संसाधन - करीबन 16 उपग्रहों के संकेत एक ही समय में सहसंबद्ध और समझे जा सकते हैं। सहसंबद्ध के लिए C/A संकेतों के साथ तुलना की जाती है।
- नियंत्रक - स्रोत आँकड़ों के उपयोग से नियंत्रक स्थिति, समय, गति और दिशा की गणना करते हैं। माइक्रोप्रॉसेसर पूरे अभिग्राही को नियंत्रित करते हैं और आँकड़ों के एकत्रीकरण का प्रबंधन करते हैं। इसके साथ वे नौवहन संकेतों को ग्रहण करते हैं और बहु-पथ तथा रव (Noise) को नियंत्रित करते हैं। ये संकेत संसाधक को नियंत्रण कर गणित मूल्यों को डिस्प्ले पर प्रसारित करते हैं। आवश्यक जानकारियाँ जैसे तात्कालिक स्थान, इफीमेरिस आदि को कोडबद्ध कर रैम में संग्रहित करते हैं। माइक्रोप्रॉसेसर और प्रदर्शन इकाई के बीच में दोहरा संबंध होता है और दोनों तरफ से संकेत भेजे जा सकते हैं।
- कुंजीपटल - कुंजीपटल (Keyboard) का प्रयोग कर प्रयोक्ता निर्देशांक प्रणाली, उपग्रहों की संख्या जैसे मापदंड का चयन कर प्रदर्शित करते हैं।
- प्रदर्श (डिस्प्ले) - हर जीपीएस अभिग्राही में नियंत्रण और प्रदर्श इकाई होती है। एक हाथ में पकड़े कुंजीपटल से लेकर, एक स्क्रीन के चारों ओर नरम कुंजियों से लेकर डिजिटल नक्शे तक कई तरह के विन्यास में डिस्प्ले पाए जाते हैं, लेकिन सबका उद्देश्य माइक्रोप्रोसेसर और ऑपरेटर के बीच पारस्परिक क्रिया की सुविधा प्रदान करना है। गणित स्थिति (अक्षांश, रेखांश, ऊँचाई) को 7 खंड के डिस्प्ले में दर्शाया जा सकता है या एक नक्शे पर स्थान की स्थिति दिखाई जा सकती है। हर अभिग्राही पर मिलने वाली सूचना अलग-अलग होती है। पर जब चार या चार से अधिक उपग्रह अभिग्राही के लिए उपलब्ध हों तब अभिग्राही से उपग्रह की पीआरएन संख्या, अभिग्राही की त्रि आयामी स्थिति और गति की जानकारी का प्रदर्शन करने की अपेक्षा रहती है। इसके अलावा ज्यामितीय परिशुद्धता विरलीकरण (GDOP) और जीपीएस समय भी ये प्रदर्शित करते हैं।
- मेमोरी और आँकड़ा संग्रह - करीबन सभी जीपीएस में आंतरिक आँकड़ा संग्रह की सुविधा होती है जो कई बातों पर जैसे कार्य समय, क्षितिज के ऊपर के उपग्रहों की संख्या आदि पर निर्भर करता है। उदाहरणतया यदि हम ये माने कि एक अकेले जीपीएस उपग्रह से एक अवधि में मिले आँकड़े करीबन 100 बाइट के बराबर हैं तो दो आवृत्ति वाले अभिग्राही को जो 6 उपग्रहों को 1 घंटे के सत्र में देख रहा है, करीबन 2 एमबी संग्रह की सुविधा आवश्यक होगी। भंडारण का लघुकरण होते जाने के कारण आज छोटे से उपकरणों में असाधारण मात्रा में आँकड़े एकत्रित किए जा सकते हैं।
- विद्युत आपूर्ति - जीपीएस सर्वेक्षण में बैटरी और उसकी विशेषताएँ सर्वेक्षण को प्रभावित करती हैं। विभिन्न विन्यास में कई तरह की बैटरी प्रयोग में लाई जाती हैं।

कई जीपीएस में AA और AAA बैटरी तो कुछ में कैमकोर्डर बैटरी का उपयोग होता है। साधारणतया फिर से चार्ज होने वाली लिथियम, निकल, कैडमियम आदि बैटरी काम में लाई जाती हैं। लिथियम-आयन बैटरी बाकी बैटरी से अच्छी हैं और दूसरी बैटरियों की कमजोरी पर काबू पाती हैं। उनकी विसर्जन दर अपेक्षाकृत कम है। उन्हें बार-बार विसर्जन की आवश्यकता नहीं होती और उनमें भंडारण की कोई समस्या नहीं जो निकल-कैडमियम में पाई जाती है। ये बहुत हल्की होती हैं और कम विषाक्तता के साथ एक अच्छा जीवन चक्र देती हैं। आधे से अधिक उपलब्ध जीपीएस अभिग्राही में आंतरिक बिजली की आपूर्ति होती है जो करीबन साढ़े पाँच घंटे चल जाती है। ये बहुत अच्छा है कि जीपीएस अभिग्राही कम बिजली (9 – 36 वोल्ट) पर कार्य करते हैं जिसके कारण कम और हल्की बैटरी से लंबे अवलोकन संभव हो सकते हैं और जीपीएस अभिग्राही की उम्र भी बढ़ जाती है।

7.4 जीपीएस संकेत

वर्तमान में 50 से अधिक नौसंचालन उपग्रह पृथ्वी के चक्कर लगा रहे हैं। इन उपग्रहों के द्वारा रेडियो तरंगों के रूप में संकेत लगातार भेजे जाते हैं जिनके विश्लेषण के द्वारा ही धरती पर स्थित जीपीएस अभिग्राही अपनी स्थिति की गणना करते हैं। इन रेडियो तरंगों की आवृत्ति सूक्ष्म तरंगों के समान, तकरीबन 1600 MHz होती है जो UHF (Ultra High Frequency) यानि अति उच्च आवृत्ति की श्रेणी में आती है। इसको बेहतर रूप से समझने के लिए हम इसकी तुलना हमारे दिनचर्या में प्रयोग किए जाने वाले FM संकेतों से कर सकते हैं जिनकी आवृत्ति 87.5 से 108.0 MHz के बीच होती है। ऐसे ही, हमारे घरों में उपयोग किए जाने वाले इंटरनेट WiFi संकेतों की आवृत्ति 5, 000 MHz या फिर 2, 400 MHz के आस-पास होती है।

उपग्रहों पर मौजूद सीमित विद्युतीय ऊर्जा के कारण इन संकेतों को कम शक्ति के साथ संचारित किया जाता है और बैंडविड्थ के अभाव में बहु-संकेतन (Multiplexing) के प्रयोग से जानकारी को कोडबद्ध किया जाता है।

जीपीएस संकेत मुख्यतः दो मौलिक आवृत्तियों पर निम्नवत् कूटबद्ध किए जाते हैं:

- L1 - 1575.42 MHz: इस संकेत के प्रयोग से अपरिष्कृत अर्जन (Course-Acquisition C/A) व गोपनीय परिष्करण (Encrypted precision P(Y)) कोड सम्प्रेषित किए जाते हैं जो मानक स्थिति निर्धारण सेवा (Standard Positioning Service - SPS) का हिस्सा है। इनके अलावा इसका प्रयोग आमजन के प्रयोग हेतु L1 Civilian (L1C) व सैन्य प्रयोग हेतु Military (M) कोड सम्प्रेषण के लिए ब्लॉक-III के उपग्रहों द्वारा किया जाता है।
- L2 - 1227.60MHz: इस संकेत के प्रयोग से साधारण परिष्करण (Precision P) कोड सम्प्रेषित किए जाते हैं। इसके साथ L2C व सैन्य (M) कोड भी IIR&M और उस से नवीन उपग्रहों द्वारा सम्प्रेषित किए जाते हैं। इस संकेत के उपयोग से सटीक

स्थिति–निर्धारण सेवा (Precise Positioning Service & PPS) से युक्त रिसीवर उपकरण आयनमंडलीय त्रुटि का निर्धारण कर सटीकता से स्थिति की जानकारी देते हैं।

इसके अलावा कुछ अन्य संकेत भी जीपीएस उपग्रहों द्वारा संचारित किए जाते हैं, जो निम्न हैं:

- L3 - 1381.05 MHz: इस आवृत्ति का प्रयोग विश्व में परमाणु हथियारों के उपयोग की जानकारी भेजने हेतु किया जाता है। ऐसी जानकारी को नाभिकीय विस्फोट (NUDET - Nuclear Detonation) कोड के नाम से जाना जाता है।
- L4 - 1379.913 MHz: इस आवृत्ति का उपयोग प्रयोगात्मक रूप में आयनमंडल से होने वाली त्रुटियों के विश्लेषण हेतु किया जा रहा है। प्रयोगों के सफल होने की दशा में इसके उपयोग से जीपीएस की परिशुद्धता में काफी वृद्धि होगी।
- L5 & 1176.45 MHz: इस आवृत्ति के संकेतों का उपयोग आमजन के लिए जीवन की सुरक्षा (SoL-Safety-of-Life) हेतु प्रस्तावित है।

एक से अधिक उपग्रहों द्वारा एक ही आवृत्ति पर आँकड़े सम्प्रेषित किए जाने पर भी आपसी हस्तक्षेप न हो, इसके लिए कोड विभाजन बहु-अभिगम (CDMA-Code Division Multiple Access) तकनीक का प्रयोग किया जाता है। यह वही तकनीक है जिसका प्रयोग कई मोबाइल कंपनियाँ अपनी सेवाएँ प्रदान करने में करती हैं।

सीडीएमए तकनीक के प्रयोग द्वारा अपेक्षाकृत धीमी गति से प्रेषित की जाने वाली जानकारी को वाहक संकेत पर तेज गति से बदलने वाली छद्म संख्याओं के अनुक्रम द्वारा कोडबद्ध किया जाता है। इन छद्म संख्याओं के अनुक्रम को PRN अनुक्रम (Pseudo Random Noise sequence) के नाम से जाना जाता है और ये हर सेकंड के 1000 वें हिस्से में दोहराने वाले बाइनरी संख्या के रूप में होता है। यह अनुक्रम हर उपग्रह के लिए अलग होता है, ताकि जानकारी को कोडबद्ध करते समय पूरे बैंडविड्थ का प्रयोग किया जा सके।

जीपीएस उपकरण में कोडबद्ध संकेत को समझने के लिए हर उपग्रह के PRN अनुक्रम की जानकारी सन्निहित होती है। ये कोड दो प्रकार के होते हैं:

- C/A (Civilian Access) यानि आमजन के उपयोग हेतु कोड। ये कोड 10.23 Mbps की आवृत्ति से संचारित किए जाते हैं।
- P (Precise) या परिष्कृत कोड भी एक छद्म संख्याओं का अनुक्रम है जो 10 MHz की आवृत्ति से दोहराता है। ये संख्या इतनी बड़ी होती है कि इसका सम्प्रेषण करने में एक पूरे हफ्ते का समय लगता है। यह कोड L1 व L2 दोनों संकेतों पर सम्प्रेषित किया जाता है।

इन विभिन्न कूटों को अलग-अलग संकेतों के माध्यम से कोडबद्ध करने और संचारित करने की प्रक्रिया को निम्न चित्र 7.5 के माध्यम से दर्शाया गया है:

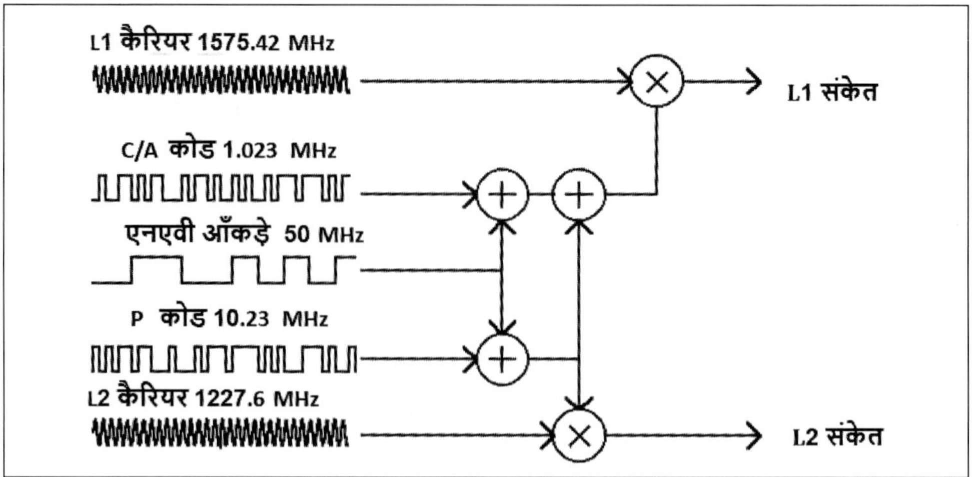

चित्र 7.5: जीपीएस के संकेत - स्त्रोत विकिपीडिया

उपग्रहों द्वारा संचारित जीपीएस संकेतों में निम्न जानकारी कोडबद्ध होती है जिसका संधारण कर के उपकरण हमारी स्थिति का पता लगाता हैः

- उपग्रह पर मौजूद घड़ी द्वारा बताया जा रहा समय एवं उपग्रह के स्वास्थ्य से संबंधित जानकारी।
- उपग्रह के घूर्णन से संबंधित जानकारी (इफीमेरिस आँकड़े) जिस से उस उपग्रह की आकाशीय स्थिति का निर्धारण होता है।
- PRN कोड से निर्धारित अन्य उपग्रहों की अल्मानाक संबंधित जानकारी। ये जानकारी काफी बड़ी होती है और एक उपग्रह को सम्पूर्णता से ये सम्प्रेषित करने में करीब साढ़े बारह मिनट का वक़्त लगता है।

जीपीएस संकेतों में उपग्रह विशेष के घूर्णन संबंधित जानकारी अत्यंत विस्तार से कोडबद्ध होती है और अधिकतम 4 घंटों तक ही वैध मानी जाती है, अन्य उपग्रहों की पंचांग संबंधित जानकारी अधिक परिष्कृत नहीं होती और 180 दिन तक वैध मानी जाती है। पंचांग की जानकारी से केवल ये निर्धारण किया जाता है कि कौन से उपग्रह किसी स्थान विशेष से देखे जा सकते हैं ताकि उनके संकेत पकड़ने का प्रयास किया जा सके।

पंचांग की जानकारी से सहायता लेकर जब उपग्रह विशेष के संकेत प्राप्त किए जाते हैं, तब प्रत्येक उपग्रह से उनके घूर्णन संबंधित सम्पूर्ण जानकारी प्राप्त की जाती है। जब तक ये जानकारी पूर्ण रूप से डाउनलोड नहीं होती तब तक उपकरण की भौगोलिक स्थिति का निर्धारण नहीं किया जा सकता। यही कारण है कि उपकरण द्वारा समुचित मात्रा में उपग्रहों से जुड़ने के बावजूद तुरंत भौगोलिक स्थिति की जानकारी नहीं प्रदर्शित होती और तो और, यदि जानकारी डाउनलोड करने के दौरान उपकरण और उपग्रह का संबंध विच्छेद हो जाए तो उपकरण को उसकी जानकारी बीच में ही त्यागनी पड़ती है।

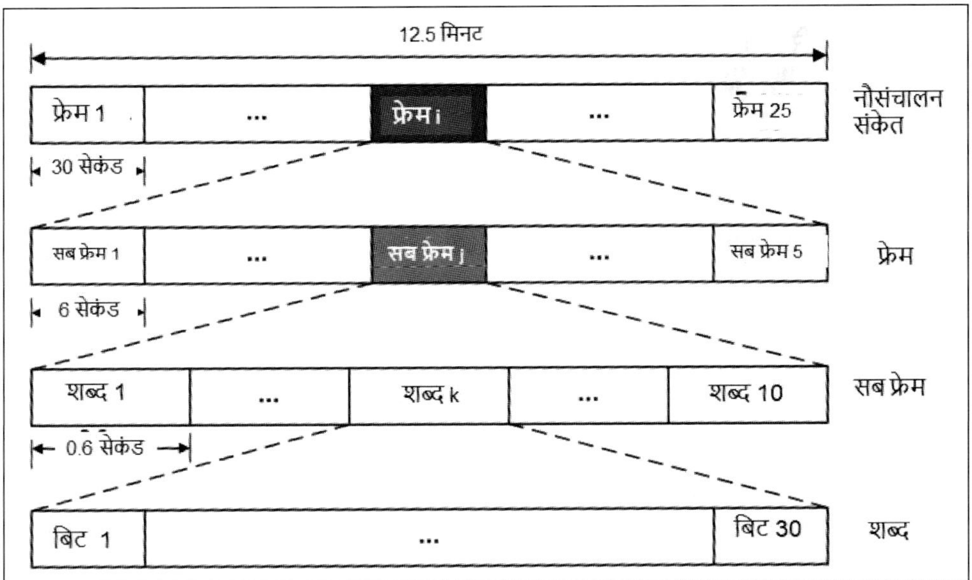

चित्र 7.6: जीपीएस के फ्रेम

(Source: http://www.ni.com/white-paper/7189/en/)

उपग्रहों द्वारा सम्प्रेषित जानकारी डेटा के 1500 बिट के आकार के फ्रेम में बँधी होती है। हर एक फ्रेम 5 हिस्सों में बँटा होता है जिसका आकार 300 बिट के बराबर होता है और इन्हें सब-फ्रेम कहते हैं। ये सब-फ्रेम भी 30 बिट के 10 शब्दों में विभाजित होते हैं और ऐसे प्रत्येक शब्द को सम्प्रेषित करने में उपग्रह को 6 सेकंड का समय लगता है। इस गति से एक उपग्रह से एक अल्मानाक को पूर्ण रूप से सम्प्रेषित करने में साढ़े बारह मिनट का वक़्त लगता है।

सब-फ्रेम 1 में जीपीएस तिथि, उपग्रह का स्वास्थ्य व उसकी घड़ी से उपकरण की घड़ी को मिलाने से संबंधित जानकारी होती है। सब-फ्रेम 2 और 3 में सम्प्रेषण करने वाले उपग्रह के घूर्णन की जानकारी भेजी जाती है जिस से उपग्रह विशेष की आकाशीय स्थिति की गणना की जाती है। सब-फ्रेम 4 और 5 में अन्य उपग्रहों के अल्मानाक के अंश संचारित किए जाते हैं जो पूर्ण अल्मानाक का 1/25वां हिस्सा होता है। इस प्रकार किसी जीपीएस उपकरण को पूर्ण अल्मानाक हासिल करने के लिए 25 फ्रेम की जानकारी प्राप्त करनी होती है।

जीपीएस उपकरण में उपग्रह से जो जानकारी प्राप्त होती है उसको एंटीना के द्वारा प्राप्त कर के उसके इलेक्ट्रॉनिक संकेत को परिवर्धित किया जाता है व गणितीय संसाधन के माध्यम से कोड को उजागर किया जाता है। इस प्रक्रिया को डिमॉड्यूलन एवं समझने की प्रक्रिया कहा जाता है।

7.5 जीपीएस प्रणाली के लाभ

- पारंपरिक सर्वेक्षण प्रक्रिया के विपरीत, दो स्टेशन के मध्य दृष्टि क्षेत्र होना आवश्यक नहीं।
- रेडियो आवृत्ति के प्रयोग के कारण संकेत संचरण के लिए मौसम की स्थिति से स्वतंत्र।
- जमीनी आँकड़े और आँकड़े घटाव (Reduction) की प्रक्रिया से स्थिति सटीकता में वृद्धि।
- समरूप (Homogeneous) सटीकता।
- जीपीएस सर्वेक्षण अधिक कुशल, लचीला और कम समय लेने वाली तकनीक है।
- इसके द्वारा कभी भी और कहीं भी 3 आयामी सटीकता विश्व डैटम पर प्राप्त की जा सकती है।
- उच्च या मध्यम सटीकता पाने के लिए जीपीएस के उपकरण या आँकड़े संसाधन (Processing) में अधिक परिवर्तन नहीं होता।

7.6 जीपीएस की सीमाएँ

जीपीएस में मुख्य तीन समस्या क्षेत्र हैं, जो जीपीएस के उपयोग को सीमित करते हैं:

- **जीपीएस संकेतों का अभिग्रहण** - जीपीएस के सुचारू रूप से कार्य करने के लिए यह आवश्यक है कि संकेत अनवरत रूप से अभिग्राही को मिलते रहें। उपग्रह से आने वाले संकेत जमीन, पानी, दीवार या अन्य बाधाओं को ठीक से पार नहीं कर पाते। इसलिए जीपीएस को पानी और जमीन के अंदर उपयोग में नहीं ला सकते। जमीनी सर्वेक्षण में भी झाड़, घर, पुल आदि संकेतों में बाधा डालते हैं।
- **जीपीएस संकेतों की अखंडता को नुकसान** - जीपीएस में उपग्रह समय और दूरी से चार उपग्रहों के प्रयोग से सटीक स्थिति की गणना की जाती है, परंतु गलत स्थान या रेंज की गणना से स्थिति की सटीकता प्रभावित होगी। यदि गलत संकेतों का पता न चले तो आगे की सारी गणनाएँ गलत हो जाएँगी। जीपीएस के संकेतों की अखंडता को दो तरीके से देखा जा सकता है। जीपीएस अखंडता चैनल जिसमें ज्ञात स्थान से तुलना कर त्रुटि का पता चल सकता है। दूसरी पद्धति में एक अतिरिक्त उपग्रह से प्राप्त आँकड़ों के अध्ययन से त्रुटि की गणना की जाती है। जितने अधिक उपग्रह होंगे उतना गणना में सुधार आएगा।
- जीपीएस संकेत परिशुद्धता - हर मापन प्रणाली में परिशुद्धता की सीमा होती है जिससे मापन किया जा सकता है और जो भौतिक के नियम, उपकरण के उपयोग आदि पर निर्भर करती है। जीपीएस में संकेतों को यात्रा करने में लगे समय की गणना को प्रकाश की गति से गुणा कर दूरी में परिवर्तित किया जाता है। पर यह गणना कई त्रुटियों से प्रभावित होती है। त्रुटि का पता लगा कर उसे गणित मान से कम कर दिया जाता है।

- जीपीएस सर्वेक्षण के पहले बहुत तैयारी करनी पड़ती है। जीपीएस के निर्देशांक डबल्यूजीएस 84 में उपलब्ध होने के कारण उन्हें एक विश्वसनीय निर्देशांक परिवर्तन (Coordinate Transformation) योजना के द्वारा स्थानीय भू-गणितीय प्रणाली के निर्देशांक में बदलना आवश्यक है ताकि पारंपरिक सर्वेक्षण के परिणामों और आँकड़ों का एकीकरण हो सके।
- जीपीएस के परिणाम पारंपरिक सर्वेक्षण से अधिक परिशुद्ध हैं, इसलिए जीपीएस और स्थानीय परिणामों की तुलना भ्रम स्थिति और विवाद का स्रोत रहते हैं।
- जीपीएस से प्राप्त ऊँचाई को उचित परिवर्तन द्वारा समुद्र (स्थानीय) तल पर परिवर्तन करना पड़ता है क्योंकि सार्वभौमिक स्वीकार्य जीऑयड नहीं है।
- जीपीएस सर्वेक्षण के संचालन के लिए कुशल कर्मियों की आवश्यकता होती है।

अध्याय-8

जीपीएस की त्रुटियाँ

जीपीएस के सटीक इस्तेमाल के लिए इसमें सन्निहित त्रुटियों को समझना बहुत आवश्यक है ताकि इसका प्रयोग सही तरह से किया जा सके। बाजार में उपलब्ध आधुनिक जीपीएस उपकरण, यंत्र के अन्तर्निहित कुछ त्रुटियों, जैसे यांत्रिक समय की त्रुटियों का समाधान करने में सक्षम हैं, लेकिन फिर भी कई त्रुटियाँ रह जाती हैं, जिनका निदान संभव नहीं है। जीपीएस की त्रुटियाँ इस प्रकार हैं:

8.1 उपग्रहों के घूर्णन संबंधित त्रुटियाँ

जीपीएस यंत्र चार या अधिक उपग्रहों से उपग्रहों की सटीक स्थिति की अद्यतन जानकारी प्रति-क्षण प्राप्त करता है एवं त्रिकोणमिति के प्रयोग से प्रयोक्ता की भौगोलिक स्थिति मापता है। यद्यपि उपग्रह अंतरिक्ष में धरती का चक्कर लगाते हैं, किन्तु कई कारणों से उनकी वास्तविक स्थिति, अपेक्षित स्थिति से अलग होती है। इन कारणों में मुख्य हैं पृथ्वी के विभिन्न भागों में गुरुत्वाकर्षण का भिन्न-भिन्न होना, सौर विकिरण का बदलता स्वरूप, सूर्य व चंद्रमा के गुरुत्वाकर्षण का प्रभाव आदि। इस अंतर की वजह से जीपीएस यंत्र की भौगोलिक स्थिति मापने में त्रुटि रह जाती है।

8.2 उपग्रहों की घड़ियों संबंधित त्रुटियाँ

उपग्रहों के समय मापक यंत्र क्वार्टज़ पर आधारित होते हैं जिनकी अशुद्धि साधारणतया हर दस लाख में एक हिस्सा होती है। उपग्रहों के प्रक्षेपण के बाद उपयोग काल में उनकी घड़ियों द्वारा बताए जाने वाले समय में अशुद्धियाँ बढ़ती जाती हैं। जीपीएस नियंत्रण अनुभाग इन अशुद्धियों पर बराबर नजर रखता है एवं इसकी जानकारी इन उपग्रहों द्वारा संचारित कोड में अद्यतन करता रहता है।

इस प्रकार की त्रुटियों को एक से अधिक जीपीएस यंत्र द्वारा एकत्रित कोड के बीच अंतर का प्रयोग कर के दूर किया जा सकता है।

8.3 ज्यामितीय परिशुद्धता की विरलता (Dilution of Precision)

यह त्रुटि जीपीएस उपग्रहों के आकाशीय स्थिति पर निर्भर करती है। चित्र 8.1 में इसका विवरण दिया गया है:

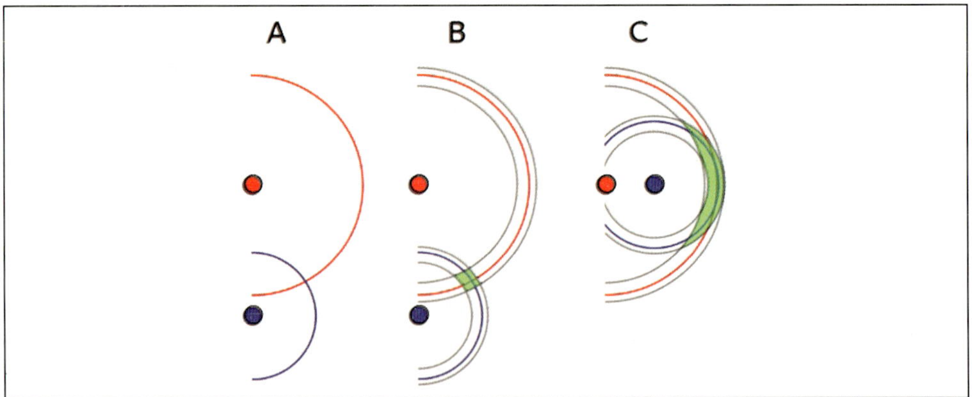

चित्र 8.1: ज्यामितीय परिशुद्धता की विरलता (स्रोतः विकिपीडिया)

चित्र के भाग A में बिना किसी अन्य त्रुटि के दो उपग्रहों से प्राप्त संकेतों के प्रतिच्छेदन (Intersection) द्वारा संकेत प्राप्तकर्ता की स्थिति दर्शायी गई है। इन्हीं उपग्रहों में सन्निहित अन्य त्रुटियों की वजह से स्थिति मापने में जो गलती संभव है, वह चित्र के भाग B में हरे रंग से दर्शायी गई है। ध्यान देने योग्य बात यह है कि, A और B, दोनों चित्रों में उपग्रहों के बीच की दूरी अधिक है। अगर ये उपग्रह समीप होते, तो उनसे प्राप्त संकेतों का अधिव्यापन (Overlap) बढ़ जाता, जैसा कि चित्र के भाग C में दर्शाया गया है।

जीपीएस उपकरण द्वारा अधिकाधिक परिशुद्धता से भौगोलिक स्थिति मापने के लिए यह जरूरी है कि उपग्रहों की ज्यामितीय परिशुद्धता की विरलता कम-से-कम हो। इसके लिए यह सुनिश्चित किया जाना चाहिए कि उपकरण का उपयोग उस वक़्त किया जाए जब आकाश में उपग्रहों की स्थिति सहायक हो। चित्र 8.2 में ये दोनों स्थितियाँ दर्शायी गई हैं:

चित्र 8.2: भौगोलिक स्थिति मापने के लिए उपग्रहों की खराब और सहायक स्थितियाँ

आमतौर पर उपलब्ध जीपीएस उपकरणों में यह जानकारी आँकड़ों के साथ-साथ चित्र के रूप में भी उपलब्ध होती है।

8.4 आयन क्षेत्र से संबंधित त्रुटियाँ

हमारी पृथ्वी के चारों ओर 70 से 1,000 कि.मी. की ऊँचाई तक आयन क्षेत्र का विस्तार है जिसका परिमाण सौर विकिरण के दबाव से हर समय बदलता रहता है। इस कारण इस क्षेत्र से गुजरने वाले प्रकाश की गति भी बदलती रहती है जो कि उपग्रह और जीपीएस यंत्र के बीच की छद्म-दूरी (Pseudo-range) को भी प्रभावित करता है। इस क्षेत्र के प्रभाव से जीपीएस के रेडियो संकेतों पर निम्न प्रभाव पड़ता है:

- वाहक संकेतों (Carrier signal) का अग्रिम होना।
- कोड संकेतों में सामूहिक विलम्ब।

यह विलम्ब आयन मंडल के प्रति घन क्षेत्र में इलेक्ट्रॉनों की कुल संख्या पर निर्भर करता है और इसके प्रभाव से:

- कम ऊँचाई वाले उपग्रहों में अधिक विलम्ब होना।
- रात की अपेक्षा दिन में अधिक विलम्ब एवं
- भू-चुम्बकीय क्षेत्र की भूमध्य रेखा एवं ध्रुवों पर अधिक विलम्ब देखा जाता है।

इन त्रुटियों को निम्न उपायों से कम किया जा सकता है:

- चूंकि आयन मंडल का प्रभाव रात्रि के समय दिन के अपेक्षाकृत कम होता है, अगर जीपीएस उपकरण का प्रयोग रात्रि के समय किया जाए तो आयन क्षेत्र से होने वाली त्रुटि कम होगी।
- आयन क्षेत्र का फैलाव एक वैज्ञानिकी दृष्टिकोण से समझा हुआ विषय है। गणितीय मॉडलों के प्रयोग से आयन मंडल का पूर्वनिर्धारण काफी सटीकता से किया जा सकता है जिससे त्रुटियों का समाधान ढूँढ़ा जा सकता है और इस जानकारी को रेडियो संकेतों के माध्यम से जीपीएस उपकरण तक पहुँचाया जा सकता है।
- बाजार में उपलब्ध आधुनिक जीपीएस उपकरण दो आवृत्ति श्रेणियों (L1 और L2) में उपग्रहों से संकेत प्राप्त करते हैं जिनके विश्लेषण से आयन मंडल संबंधित त्रुटियाँ दूर की जा सकती हैं।
- भूमि पर अवस्थित एक से ज्यादा जीपीएस उपकरण, जिनकी पारस्परिक दूरी मध्यम स्तर की हो, के प्रयोग के माध्यम से आयन मंडल का प्रभाव निरस्त किया जा सकता है।

8.5 क्षोभ मंडल से संबंधित त्रुटियाँ

हमारी पृथ्वी के चारों ओर 0 से 70 कि.मी. की ऊँचाई तक क्षोभ मंडल का विस्तार है जिसमें पृथ्वी के वायुमंडल की गैसों व जल वाष्प का सम्मिश्रण होता है। इस मंडल में न तो आयन होते हैं न ही इससे गुजरने पर रेडियो तरंगों का विक्षेपण होता है जिसके परिणामस्वरूप जीपीएस तरंगों के कोड व वाहक, दोनों हिस्सों को बराबर विलम्ब का सामना करना पड़ता

है। चूंकि इस मंडल से होने वाली त्रुटियों में तरंग की आवृत्ति का कोई योगदान नहीं होता, इसका निष्पादन दो आवृत्तियों के समावेश से भी संभव नहीं है।

क्षोभ मंडल से होने वाली त्रुटियों के निष्पादन का एक मात्र तरीका गणितीय मॉडलिंग है जो कि स्थान विशेष के तापमान, वायु दाब व नमी जैसे आँकड़ों के विश्लेषण द्वारा किया जा सकता है। यह एक ऐसा विषय है जिस पर वर्तमान में अनुसंधान चल रहा है और भविष्य में सकारात्मक परिणामों की अपेक्षा है। इसके अलावा इस त्रुटि का संधारण उन उपग्रहों से प्राप्त संकेतों को अमान्य करने से भी किया जा सकता है जो अवलोकन के समय क्षितिज के पास स्थित हो।

8.6 बहु-पथ (Multipath) त्रुटियाँ

जीपीएस उपकरण का उपयोग साधारणतः भूमि सतह पर किया जाता है जहाँ पर प्रयोक्ता के आस-पास पेड़-पौधे, ऊँची इमारतें, पहाड़ होते हैं। इनकी उपस्थिति के कारण, उपग्रहों द्वारा प्रसारित तरंगें परावर्तित होकर जीपीएस उपकरण में पहुँचती हैं। इन परावर्तित तरंगों के विश्लेषण की वजह से त्रुटियाँ आ जाती हैं जिन्हें हम बहु-पथ त्रुटियों के रूप में जानते हैं। आधुनिक जीपीएस उपकरणों में लंबी दूरी से परावर्तित तरंगों को पहचानने और उनसे जनित त्रुटियों को दूर करने की सक्षमता सन्निहित होती है। छोटी दूरी की बहु-पथ त्रुटियों को दूर करने के लिए विशेष प्रकार के छल्लेनुमा जीपीएस एंटीना बनाये गए हैं जो एंटीना द्वारा प्राप्त संकेत शक्ति को कम कर के त्रुटि को कम करता है।

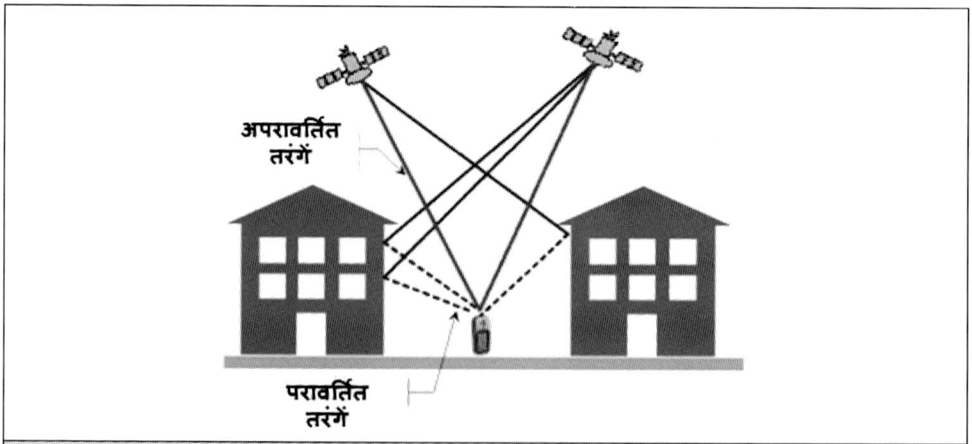

चित्र 8.3: बहु-पथ त्रुटि

एक और जानने योग्य बात यह है कि जीपीएस उपकरण के गतिशील अवस्था में होने पर (जैसे कि कार में प्रयोग करते समय) बहु-पथ त्रुटियों का प्रभाव कम होता है। इसका कारण यह है कि गतिशील अवस्था में परावर्तित संकेत हमेशा बदलते रहते हैं जो विश्लेषण के समय उपकरण द्वारा निरस्त कर दिए जाते हैं और केवल सीधे प्राप्त संकेत ही सटीक स्थिति के मापन में उपयोग किये जाते हैं।

8.7 जीपीएस अभिग्राही उपकरण की त्रुटियाँ

ये त्रुटियाँ उपकरण विशेष की खामियों की वजह से आती हैं। ऐसी त्रुटियों में प्रमुख हैंः

- उपकरण के सॉफ्टवेयर का परिष्कृत न होना या काम ना करना।
- उपकरण से पैदा होने वाली ऊष्मा की वजह से परिचालन की समस्या।
- उपकरण की घड़ी का परिशुद्ध न होनाः आमतौर पर उपलब्ध जीपीएस उपकरण में जो घड़ी मौजूद होती है वह एक सेकंड के अरब वें हिस्से तक शुद्धता से समय माप सकती है। प्रकाश की गति को इस समय से गुणा करने पर 3 मीटर की संख्या आती है, जो उस उपकरण की अंतर्भूत परिशुद्धता को दर्शाती है।

अध्याय-9

अंतरी-जीपीएस

एकल जीपीएस द्वारा मिलने वाली स्थिति और दूरी की शुद्धता से अधिक शुद्धता प्राप्त करने के लिए अंतरी (विभेदक) जीपीएस विकसित किया गया। एक प्रतीकात्मक अंतरी अभिग्राही संरचना में एक संदर्भ अभिग्राही होता है जो एक संदर्भित सर्वेक्षित स्थान पर रखा जाता है और एक प्रयोक्ता अभिग्राही होता है। प्रयोक्ता अभिग्राही को मोबाइल या गतिमान अभिग्राही भी कहते हैं क्योंकि वे संदर्भ अभिग्राही की तरह स्थिर नहीं रहते।

संदर्भ अभिग्राही, अंतर सुधार संसाधन प्रणाली और आँकड़ें लिंक उपकरण को सामूहिक रूप से संदर्भ स्टेशन कहा जाता है। अभिग्राही का जोड़ा या तो आँकड़ों को एकत्र कर, संग्रहीत करके बाद में संसाधन के लिए भेज़ता है या फिर डाटा लिंक के माध्यम से उन्हें वास्तविक समय पर वांछित स्थान पर भेजा जाता है।

9.1 डीजीपीएस सिद्धांत

डीजीपीएस इस सिद्धांत पर आधारित है कि एक ही स्थान पर रहने वाले अभिग्राही, उपग्रह से आने वाली जो त्रुटियाँ अनुभव करेंगे वो एक ही तरह की होंगी। प्रयोक्ता अभिग्राही, संदर्भ अभिग्राही से प्राप्त आँकड़ों के उपयोग से त्रुटियाँ दूर करेंगे और इसके लिए संदर्भ स्टेशन जो उपग्रह प्रयोग कर रहा है, वही या उनमें से कुछ, प्रयोक्ता अभिग्राही प्रयोग में लाते हैं। इस तरह से डीजीपीएस स्थिति निर्धारण समीकरण में आम त्रुटियाँ रद्द हो जाती हैं। आम त्रुटियों में वायुमंडल, उपग्रह घड़ी और इफीमेरिस के कारण होने वाली संकेत पथ विलंब त्रुटियाँ निहित हैं। पीपीएस प्रयोक्ता के लिए आम उपग्रह त्रुटियाँ वे प्रणाली त्रुटियाँ हैं जो आमतौर पर स्थिति, वेग और समय (पीवीटी) समाधान में शामिल होती हैं। एसपीएस प्रयोक्ता के लिए मानक उपग्रह त्रुटियों में चयनात्मक उपलब्धता (एसए) द्वारा जानबूझ कर जोड़ी हुई त्रुटियाँ भी होती हैं। त्रुटियाँ जैसे अभिग्राही रव, बहु-पथ जो प्रत्येक अभिग्राही के लिए विशिष्ट हैं, को बिना अतिरिक्त पुनरावृत्ति संसाधन (संदर्भ, प्रयोक्ता या दोनों अभिग्राही द्वारा) द्वारा नहीं हटाया जा सकता। सामान्य परिस्थिति में डीजीपीएस की सटीकता एसपीएस या पीपीएस के उपयोग से स्वतंत्र है जब प्रयोक्ता और संदर्भ स्टेशन एक ही सेवा का प्रयोग (पीपीएस या एसपीएस) करें।

एक उपग्रह की घड़ी और आवृत्ति पूर्वाग्रह सभी प्रयोक्ताओं के लिए समान रहेगी क्योंकि इन पर उपग्रह से दूरी या संकेत प्रसार का प्रभाव नहीं होता। छद्म दूरी हर प्रयोक्ता के लिए अलग-अलग रहेगी। संकेत प्रसार देरी सभी अभिग्राही के लिए समान होगी पर जैसे ही

अभिग्राही के बीच की दूरी बढ़ती जाती है, इन त्रुटियों के मध्य सह-संबंध समाप्त हो जाता है और ये स्वतंत्र हो जाती हैं।

त्रुटियाँ साधारणतया दो तरीकों में विभाजित की जा सकती हैं:

- सह-संबंधित त्रुटियाँ।
- असहसंबंधित त्रुटियाँ।

सह-संबंधित त्रुटियाँ स्थानिक और कालिक रूप से संबंधित होती हैं। कुछ सह-संबंधित त्रुटियाँ इस प्रकार हैं:

- चयनित उपलब्धता - यह करीबन 100 मीटर के आस-पास रहती थी जो अब निकाल दी गई है।
- आयनमंडल विलंब - यह दिन के वक्त 20 – 30 मीटर और रात के समय 3 – 6 मीटर तक हो सकता है। दो आवृत्ति वाले अभिग्राही इस त्रुटि को आसानी से दूर कर सकते हैं।
- क्षोभमंडल विलंब - ये निचले वायुमंडल में होने वाली त्रुटि है जिसका मान काफी कम होता है। वैसे यह 1-3 मीटर तक होती है पर निम्न उपग्रह ऊँचाई कोण पर इसका मान बढ़ जाता है।
- एफिमेरिस त्रुटियाँ - यह त्रुटि जो उपग्रह की वास्तविक स्थिति और गणित स्थिति का अंतर है, साधारणतया 3 मीटर से कम होती है।
- उपग्रह घड़ी त्रुटियाँ - यह वास्तविक उपग्रह घड़ी समय और अनुमानित घड़ी समय का अंतर है।

अंतरी प्रक्रिया द्वारा उपग्रह घड़ी त्रुटियाँ, चयनित उपलब्धता त्रुटि और एफिमेरिस त्रुटियाँ करीबन पूर्ण रूप से दूर हो जाती हैं।

सह-संबंध जीपीएस त्रुटियों की स्थान और समय के साथ भिन्नता को सारणी में दर्शाया गया है।

सारणी 9.1: सह-संबंध जीपीएस त्रुटियों के स्थान और समय के साथ भिन्नता

त्रुटि स्रोत	100 सेकंड में भिन्नता	100 किलोमीटर पर भिन्नता (क्षैतिज)	1 किलोमीटर पर भिन्नता (लंब)
उपग्रह घड़ी त्रुटियाँ	0.1 मीटर	कोई नहीं	कोई नहीं
एफिमेरिस त्रुटियाँ	0.02 मीटर	0.01 मीटर	नगण्य
आयनमंडल विलंब	0.1-0.4 मीटर	0.2-0.5 मीटर	नगण्य
क्षोभमंडल विलंब	0.1-1.5 मीटर	0.1-1.5 मीटर	1-2 मीटर

वह विचलन जो उपभोक्ता के संदर्भ स्टेशन से दूर जाने के कारण होता है, स्थानिक असहसंबंध कहलाता है और जो विचलन समय में अंतर के साथ होता है समय असहसंबंध कहलाता है। वास्तविक समय अनुप्रयोगों में संदर्भ स्टेशन इन पूर्वाग्रहों का प्रसारण करते हैं जिनके उपयोग से समय और स्थान की परिशुद्धता बढ़ती है। चित्र 9.1 में इसका विवरण दिया है।

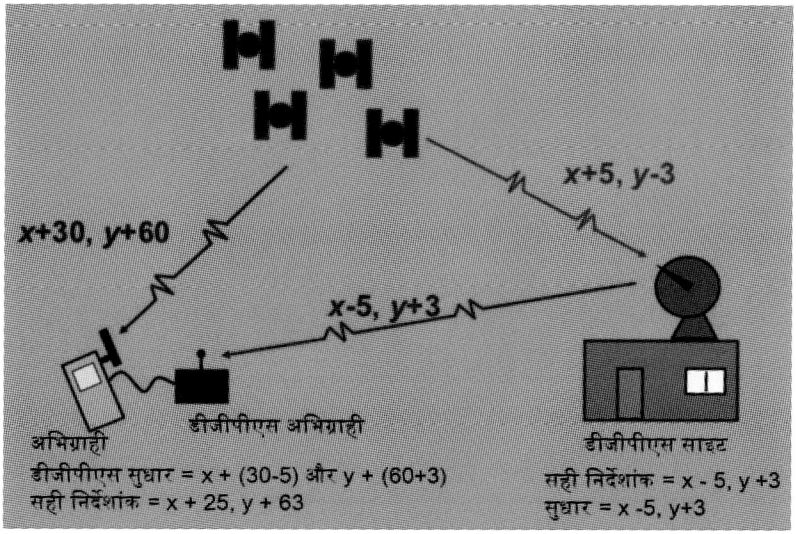

चित्र 9.1: वास्तविक समय डीजीपीएस सुधार

9.2 डीजीपीएस के प्रयोक्ता

डीजीपीएस के कई प्रयोक्ता हैं, इनमें से कुछ इस प्रकार हैं:

- साधन आगमन (Instrument approach) - सभी स्थापित हवाई अड्डों पर पर्याप्त उतरने वाली सुविधाएँ या उपकरण हैं पर कुछ विकट परिस्थितियों में जीपीएस का उपयोग अस्थायी हवाई अड्डों पर एक आगमन सहायता के रूप में किया जा सकता है। जीपीएस की पीपीएस सेवा की शुद्धता किसी भी लैंडिंग स्थान के लिए अपरिशुद्ध पहुँच मार्गदर्शन देने के लिए पर्याप्त है यदि हवाई पट्टी (रनवे) के अंत के निर्देशांक सही तरीके से ज्ञात हों। डीजीपीएस के प्रयोग से बेहतर सटीकता मिलती है और इसके द्वारा छोटे लैंडिंग क्षेत्र में भी उतरना संभव है। डीजीपीएस प्रणाली बहुत ही कम समय में किसी भी हवाई पट्टी पर मार्गदर्शन देने के लिए स्थापित हो सकती है।
- सभी मौसम हेलिकॉप्टर संचालन - हेलिकॉप्टर का संचालन कहीं भी और किसी भी मौसम में आवश्यक है। डीजीपीएस का उपयोग हेलिकॉप्टर को बेहतर स्थिति और ऊँचाई की जानकारी देने के लिए होता है जब वह जमीन और बाधाओं के करीब हो।

- संकीर्ण चैनल समुद्री संचालन - दो तरह के संकरे चैनल होते हैं जिनमें से एक प्राकृतिक और दूसरे खदान क्षेत्रों के बीच होते हैं। नागरिक और सामरिक दोनों तरह के जहाजों को युद्ध के समय इन सभी तरह के संकीर्ण रास्तों से गुजरना पड़ता है और तब अधिक सटीकता की आवश्यकता होती है, जिसमें डीजीपीएस सहायक होता है।
- संदर्भ स्टेशन/नौसंचालन उपकरण के जाँच/सम्पादन के लिए - एक संदर्भ स्टेशन जीपीएस और दूसरे उपकरणों की जाँच के लिए ये एक सच्चाई प्रदान कर सकते हैं। इनके द्वारा दूसरी स्थलीय नौसंचालन प्रणाली जैसे लोरान-सी या ओमेगा की जाँच कर सकते हैं।
- मानचित्रण और भौगोलिक सर्वेक्षण - डीजीपीएस आँकड़ों का पश्च संसाधन के लिए उपयोग एक साधारण परिचालन पद्धति है। जीपीएस आँकड़े संदर्भ और प्रयोक्ता द्वारा अभिलेखित कर दोनों आँकड़ों का एक साथ पश्च संसाधन (पोस्ट प्रोसेसिंग) करते हैं।
- अंध उड़ान (Blind takeoff) - डीजीपीएस की शुद्धता समतल पर अधिक होती है, इसलिए विषम परिस्थितियों में भी डीजीपीएस के उपयोग से हवाई पट्टी पर उतरा जा सकता है या उड़ान भरी जा सकती है।

चित्र 9.2 में डीजीपीएस की कार्य प्रणाली को दिखाया गया है।

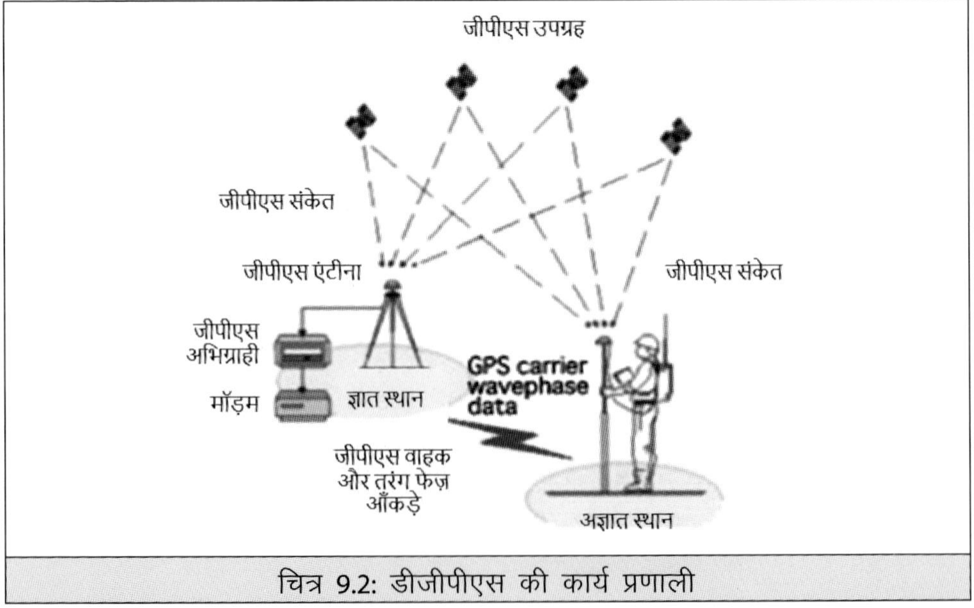

चित्र 9.2: डीजीपीएस की कार्य प्रणाली

अध्याय-10

अन्य नौसंचालन प्रणालियाँ

पूरे विश्व में कई नौसंचालन प्रणालियाँ उपलब्ध हैं। उनमें से कुछ निम्नवत् हैं।

10.1 ग्लोनास प्रणाली

ग्लोनास यानि वैश्विक नौसंचालन उपग्रह प्रणाली (Global Navigation Satellite System), रूस की वैश्विक नौसंचालन प्रणाली है जो 1976 में प्रारंभ हुई थी और इसका पहला उपग्रह सन् 1982 में प्रक्षेपित हुआ था। यद्यपि इसे 1990 में परिचालित घोषित किया था, परंतु 1996 तक ही उपग्रहों का समूह प्रक्षेपित हो पाया था। यह प्रणाली रूस के रक्षा मंत्रालय द्वारा संचालित होती है और जीपीएस और इसमें थोड़ा ही अंतर है। इसमें 24 उपग्रह हैं जो तीन कक्षाओं में 19,130 किलोमीटर ऊँचाई पर 120° दूरी पर भूमध्य रेखा से 64.8° झुकाव पर घूमते हैं। प्रोटोन प्रक्षेपक द्वारा एक साथ तीन उपग्रहों को प्रक्षेपित किया गया था। हर उपग्रह का कालिक विभेदन 17 दिन का है। ग्लोनास L1 पर C/A कोड और L2 पर पी-कोड प्रसारित करता है तथा इसमें आवृत्ति विभाजन बहु-अभिगम प्रौद्योगिकी (एफ़डीएमए, Frequency Division Multiple Access) का प्रयोग होता है। जीपीएस में कोड विभाजन बहु-अभिगम (सीडीएमए, Code Division Multiple Access) का प्रयोग होता है। ग्लोनास में रूस द्वारा विकसित पीजेड-90 वैश्विक संदर्भ प्रणाली का प्रयोग होता है जबकि जीपीएस में डब्ल्यूजीएस 84 का उपयोग होता है। रूस की समय संदर्भ प्रणाली भी अलग है।

सोवियत संघ के विघटन का ग्लोनास तंत्र पर बहुत प्रभाव पड़ा। इसके केवल 6 उपग्रह सन् 2000 तक काम कर रहे थे और प्रणाली का पूरा कार्यान्वयन भी नहीं हुआ था। तत्कालीन रूसी राष्ट्रपति ने प्रणाली को वापस प्रारंभ करने पर ज़ोर दिया और सन् 2011 तक यह वापस काम करने लग गया। सन् 2007 में प्रणाली के सभी प्रतिबंध हटा दिये गए थे और प्रणाली को नागरिक उपयोग के लिए उपलब्ध किया गया। यद्यपि 3-3 उपग्रहों के साथ प्रोटोन के प्रक्षेपण असफल रहे फिर भी वर्तमान में यह अपने पूरे स्वरूप में है। इसका अंतिम उपग्रह 25 अक्टूबर 2020 को प्रक्षेपित हुआ था।

ग्लोनास का नियंत्रण खंड रूस में स्थित है और जमीनी नियंत्रण और समय संदर्भ केंद्र मास्को में स्थित है। चार ट्रैकिंग और टेलिमेट्री स्टेशन पूरे रूस में फैले हैं। इसके अलावा बाह्य ग्लोनास नियंत्रण केंद्र ब्राजील, अंटार्कटिका और निकारागुआ में हैं।

बहुत सारे ऐसे फोन और उपकरण हैं जिनमें जीपीएस और ग्लोनास दोनों की आवृत्तियों को ग्रहण करने की क्षमता है और जिसके द्वारा बेहतर परिशुद्धता, स्थिति में तेज सुधार और बेहतर उपग्रह ज्यामिती मिलती है। वर्तमान में जीपीएस III के समान ग्लोनास प्रणाली का भी आधुनिकीकरण रूस द्वारा किया जा रहा है। इसमें अतिरिक्त आवृत्तियाँ और बढ़ी शक्ति का समावेश है, जिससे बेहतर परिशुद्धता मिलेगी।

10.1.1 ग्लोनास का विवरण

ग्लोनास का विवरण इस प्रकार है।

- 24 उपग्रह (21 मुख्य + 3 अतिरिक्त)।
- 3 कक्षीय तल और हर तल में 8 उपग्रह।
- एमईओ मध्यम ऊँचाई वाला कक्ष जो भूमध्य रेखा से 64.8° कोण पर है।
- 19,130 किलोमीटर की ऊँचाई।
- 11 घंटे 15.8 मिनट की कक्षीय अवधि।
- C/A और P कोड दो आवृत्तियों पर 1602 MHz और 1246 MHz आवृत्ति के पास प्रसारण।

एक पूर्ण परिचालित ग्लोनास समूह में 24 उपग्रह होते हैं। जिनमें से 21 का उपयोग संचार संकेतों के लिए किया जाता है। कक्षीय तल का 15° का विस्थापन होने के कारण, उपग्रह भूमध्य रेखा को एक बार पार करते हैं। समूह व्यवस्था इस प्रकार है कि पूरे उपग्रह रहने पर किसी भी स्थान से 5 उपग्रह दिखेंगे जिससे वैश्विक प्रयोक्ता को सतत् नौसंचालन के आश्वासन् की ग्लोनास ज़िम्मेदारी लेता है।

हर उपग्रह को एक स्लॉट संख्या से जाना जाता है, जिससे उनके कक्षीय तल और स्थिति परिभाषित होती है। 1-8 नंबर के उपग्रह कक्षीय तल 1 में, 9-16 तल 2 में और 17-24 नंबर के उपग्रह तल 3 में हैं। ग्लोनास समूह की यह खासियत है कि एक नियत उपग्रह एक नियत स्थान पर हर आठवें सिडरल दिन पर गुजरेगा और चूंकि हर तल में 8 उपग्रह हैं तो हर दिन एक उपग्रह एक नियत स्थान पर आएगा। इसके विपरीत जीपीएस में हर उपग्रह एक नियत स्थान पर हर दिन आता है। ग्लोनास में अनुनाद प्रभाव (Resonance effect) से बचा जाता है जो जीपीएस के महंगे रख-रखाव का कारण है।

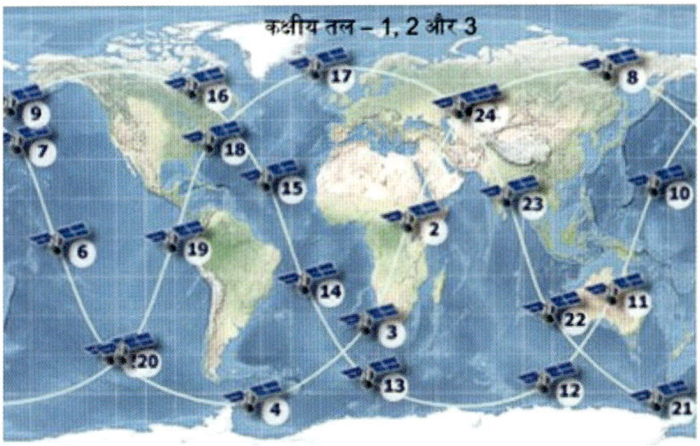

चित्र 10.1: ग्लोनास के उपग्रहों की दिये गए एक समय पर स्थिति

10.1.2 ग्लोनास संकेत अवलोकन

जीपीएस और ग्लोनास में एक मुख्य अंतर यह है कि ग्लोनास में प्रत्येक उपग्रह की अपनी आवृत्ति होती है पर कोड एक होता है जबकि जीपीएस उपग्रह में आवृत्ति एक होती है और कोड अलग-अलग होता है। प्रत्येक ग्लोनास उपग्रह थोड़ा अलग-अलग L1 और L2 आवृत्तियों पर प्रसारण करते हैं जिसमें L1 और L2 पर पी कोड और L1 पर C/A कोड भेजते हैं। हर जीपीएस उपग्रह L1 आवृत्ति का प्रसारण करता है जो 1572.42 MHz पर केंद्रित होती है और हर उपग्रह पीआरएन कोड से पहचाना जाता है। इसके विपरीत ग्लोनास के उपग्रह एक पीआरएन कोड का प्रसारण अलग-अलग आवृत्ति पर करते हैं।

$$L1 = 1602\ \text{MHz} + (n \times 0.5625) \quad \text{..........10.1}$$

इसमें n आवृत्ति चैनल संख्या (0, 1, 2….) है। इसका अर्थ यह है कि उपग्रह स्वयं की आवृत्ति पर संकेतों का प्रसारण करता है जो कि 0.5625 MHz के गुणक में पृथक होते हैं जैसा कि चित्र 10.2 में दर्शाया गया है।

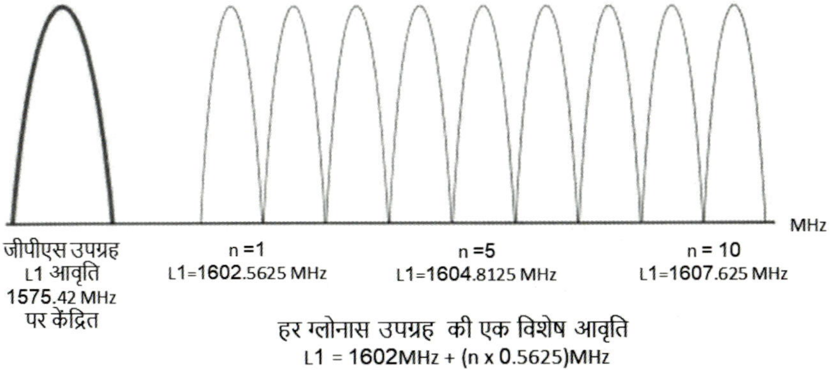

चित्र 10.2: जीपीएस और ग्लोनास की आवृत्तियों की तुलना

L2 बैंड की आवृत्ति निर्धारित करने के लिए जिस समीकरण का उपयोग किया जाता है उसे यहाँ दर्शाया गया है:

$$L2 = 1246 \text{ MHz} + (n \times 0.4375) \qquad ....10.2$$

10.1.3 ग्लोनास उपग्रह

विकास के तीन दशकों में ग्लोनास उपग्रह की बनावट में कई सुधार हुए हैं। सुधारों को तीन पीढ़ी में बाँटा जा सकता है जिसमें मूल ग्लोनास पीढ़ी (1982 से), ग्लोनास-एम (2003 से) और ग्लोनास-के (2011 से) शामिल है।

प्रथम पीढ़ी - ये 1250 किलोग्राम के 3 अक्ष स्थिर यान थे जो एक प्रणोदन प्रणाली से सुसज्जित थे जिसके द्वारा ये समूह में स्थानांतरण द्वारा पुनः स्थापित हो सकते थे। समयानुसार उनमें विकासवादी सुधार हुआ और ब्लॉक IIa, IIb और IIv के वाहन बने और प्रक्षेपित हुए। ब्लॉक IIa के 6 उपग्रह 1985 – 86 में प्रक्षेपित हुए थे और ब्लॉक IIb में 12 उपग्रह प्रक्षेपित हुए थे।

द्वितीय पीढ़ी (ग्लोनास-एम) - इस श्रेणी का पहला उपग्रह सन् 2003 में प्रक्षेपित हुआ था। ये 1480 किलोमीटर के उपग्रह थे जो करीबन 2.4 मीटर व्यास के थे। इनमें 31 उपग्रहों (21-92) का समावेश था।

तृतीय पीढ़ी (ग्लोनास-के) - इस श्रेणी के उपग्रहों का वजन 750 किलोग्राम था और जीवनकाल 10 वर्ष था। इसमें L3 और L5 संकेतों का भी प्रसारण था। इस पीढ़ी में 26 उपग्रह थे जिसमें से पहले उपग्रह का प्रक्षेपण सन् 2011 में हुआ था।

वर्तमान स्थिति के अनुसार ग्लोनास समूह में 25 उपग्रह हैं जिनमें से 22 कार्यरत हैं। नागरिक ग्लोनास की शुद्धता, जीपीएस से कम है पर ग्लोनास उपग्रहों की स्थिति इस प्रकार है कि जीपीएस के मुकाबले अधिक अक्षांश (उत्तर या दक्षिण) वाले स्थानों पर भी इससे अधिक शुद्धता मिलती है।

10.2 कम्पास/बीडोउ प्रणाली

चीन ने स्वतंत्र जीएनएसएस सन् 1999 में ही विकसित कर दिया था और प्रारंभ में इसे गैलीलियो का हिस्सा बनना था, परंतु बाद में चीन ने अपनी स्वतंत्र प्रणाली का विकास किया। पहली चीनी प्रणाली को बीडोउ (Big Dipper Constellation) नाम दिया गया जिसमें तीन उपग्रह थे। द्वितीय पीढ़ी की मूल प्रणाली का नाम कम्पास था पर अब उसे बीडोउII कहा गया। 2015 में चीन ने बीडोउIII का प्रारंभ किया जिसका पहला उपग्रह 30 मार्च 2015 को प्रक्षेपित किया गया। बीडोउIII में 35 उपग्रहों का समावेश रहेगा। एमईओ उपग्रह, तीन बराबर दूरी पर स्थित 21, 528 किलोमीटर ऊँचाई वाले कक्षों में स्थित हैं जो 55.5° पर स्थित हैं। जीईओ और आईजीएसओ उपग्रह 35, 786 किलोमीटर की ऊँचाई पर स्थित रहेंगे। एक जानकारी के अनुसार इसके 42 उपग्रह कक्ष में घूम रहे हैं, जिसमें से 6 जीईओ, 21 एमईओ

और 6 नत जीईओ (55°) उपग्रह हैं। इसके अलावा 8 उपग्रह परीक्षण से गुजर रहे हैं। इसकी आवृत्तियाँ गैलीलिओ प्रणाली से मेल खाती हैं पर जो भी प्रणाली पहले पूरी होगी उसे ही आवृत्तियों का आवंटन होगा। बीडोउ में एसबास संवर्धन क्षमता है जो इसमें अंतर्निहित है।

इसके एमईओ और आईजीएसओ उपग्रह D1 संकेत भेजते हैं और जीईओ उपग्रह D2 संकेत भेजते हैं। D1 संकेत में 30 बिट शब्द और 10 शब्द सब फ्रेम हैं जो 50 bps पर प्रसारित होते हैं और 30 उपग्रहों को आँकड़े प्रदान कर सकते हैं। D2 संकेत का प्रसारण 500 bps पर होता है और 18 उपग्रहों के सुधार के लिए आँकड़ें इसमें रखे जा सकते हैं। आयन क्षेत्र सुधार और समय सुधार के आँकड़ें भी इसमें निहित हैं। पूरी तरह से तैनात प्रणाली में एक मुफ्त वाणिज्यिक सेवा और एक चीन सरकार के लिए सीमित सेवा रहेगी। इसकी खुली सेवा में 19 मीटर स्थिति शुद्धता और 0.2मीटर/सेकंड गति शुद्धता और 20ns समय शुद्धता मिलती है।

यह एक सीडीएमए आधारित प्रणाली है जिसका पहला उपग्रह सन् 2000 में प्रक्षेपित हुआ था। बीडोउ जमीनी खंड में मुख्य नियंत्रण कक्ष, 2 अपलोड स्टेशन और सब तरफ फैले 30 निगरानी स्टेशन हैं। बीडोउ का आवरण क्षेत्र चित्र 10.3 में दर्शाया गया है।

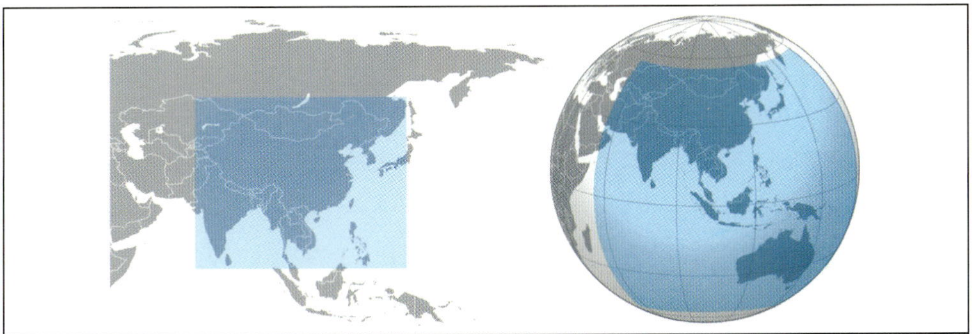

चित्र 10.3: बीडोउ 1 और बीडोउ 2 का आवरण क्षेत्

10.3 क्वाज़ी जेनिथ उपग्रह प्रणाली (क्यूजेडएसएस)

क्यूज़ेडएसएस जापान का उपग्रह समूह है जो एशिया और पैसिफिक में स्थान सुविधा देने के लिए अभिकल्पित किया गया है। क्यूज़ेडएसएस में 4 उपग्रह हैं जो 40° नत कोण पर 3 कक्ष में 32, 000 से 40, 000 किलोमीटर की ऊँचाई पर घूमते हैं। इसके अतिरिक्त इस प्रणाली में 1 भूस्थिरीय उपग्रह भी है। क्यूज़ेडएसएस का पहला उपग्रह क्यूज़ेडएसएस-1 11 सितंबर 2010 में प्रक्षेपित हुआ था। इसका दूसरा नाम मिची बिकी (Guide) है। बाकी के उपग्रह 2017 में प्रक्षेपित हुए थे। क्यूज़ेडएसएस का मुख्य लक्ष्य उच्च दीर्घवृत्तीय अंडाकार (Elliptical) कक्ष (एचईओ) में उपग्रह प्रदान करना है, जो झुके और पृथ्वी केंद्रित है। ये कक्ष इस तरह से अभिकल्पित किये गए हैं कि ये हमेशा उच्च कोण पर जापान, ओशनिया और पूर्वी एशिया में उपलब्ध रहेंगे। इसी से क्वाज़ी जेनिथ शब्द की उत्पत्ति हुई है। इन उपग्रहों

का जमीनी ट्रैक 8 की संख्या बनाता है (चित्र 10.4)। क्वाज़ी जेनिथ कक्ष विषम 8 की संख्या बनाने से यह लाभ है कि इससे आसानी से उपग्रहों के मध्य स्विच हो सकता है और सेवा में बाधा नहीं आती। समरूप 8 की तुलना में विषम 8 अधिक समय तक जापान पर रहेगा।

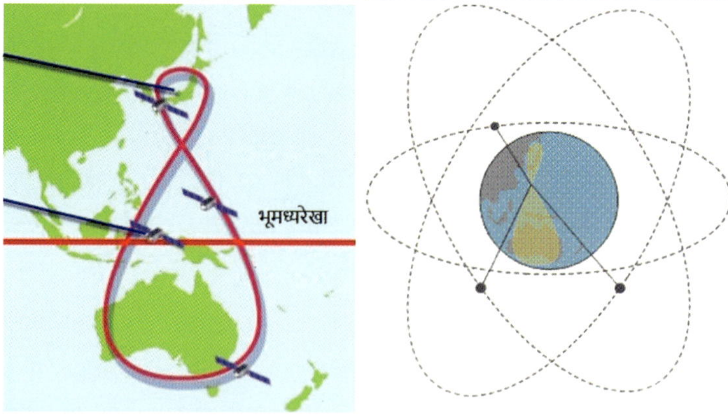

चित्र 10.4: क्यूजेडएसएस का जमीनी ट्रैक और तीन कक्ष

इस तरह के उपग्रहों का कक्ष जापान के लिए बहुत उपयोगी है। भूस्थिरीय उपग्रह भूमध्य रेखा पर होते हैं। यदि उनका कक्ष थोड़ा घुमाया जाए तो उपग्रह जापान पर से गुजरेगा पर हमेशा जापान पर नहीं रहेगा। ऐसा पाने के लिए उपग्रह के कोण को पृथ्वी के घूमने के साथ-साथ बदला जाता है ताकि 8-9 घंटे उपग्रह जापान पर रह सके। कई उपग्रहों में से कोई-न-कोई हमेशा जापान के लिए उपलब्ध रहेगा। इस तरह से 4 उपग्रहों में से 20° कोण के ऊपर 2 क्यूज़ेडएसएस उपग्रह और 60 कोण पर एक उपग्रह हमेशा जापान के ऊपर उपलब्ध रहेगा। क्यूज़ेडएसएस के संकेतों का विवरण सारणी 10.1 में दिया हुआ है।

सारणी 10.1: क्यूज़ेडएसएस के संकेतों का विवरण

आवृत्ति नाम	आवृत्ति
L1 सी/ए L1 सी L1 एम	1575.42 MHz
L2 सी	1227.60 MHz
L5 L5 एम	1176.45 MHz
L5 बी	1757.42 MHz
L6	1278.75 MHz
S-बैंड	2 GHz

सन् 2020 के बाद एसबास की सुविधा उपलब्ध हो सकेगी, यानि मूलतः यह उपग्रह क्षेत्रीय वृद्धि प्रणाली है जिसका उद्देश्य इस क्षेत्र के शहरी और पहाड़ी इलाकों में उपग्रह की स्थिति नौसंचालन और समय सेवाओं को बेहतर बनाना है। क्यूज़ेडएसएस का मुख्य नियंत्रण केंद्र ओकीनावा में है। दूसरे निगरानी स्टेशन ओगासवारा, कोगानेई और सरोबेत्सु में हैं। इसके अलावा हवाई, गुआम, बैंकॉक, बेंगलुरु और केनबरा में भी स्टेशन हैं। नियंत्रण स्टेशन सुकूबा में हैं।

10.4 गैलीलियो

यह एक वैश्विक नौसंचालन प्रणाली है जो यूरोपीय संघ द्वारा अभिकल्पित और बनायी गई है। गैलीलियो का मुख्य उद्देश्य यूरोपीय राष्ट्रों के लिए एक स्वतंत्र उच्च परिशुद्धता वाली स्थिति निर्धारण सेवा प्रदान करना है ताकि यूरोपीय राष्ट्रों को ग्लोनास या जीपीएस या बीडोउ पर निर्भर न रहना पड़े जो कभी भी अक्षम हो सकते हैं। गैलीलियो का मुख्य उद्देश्य 1 मीटर परिशुद्धता में क्षैतिज और उर्ध्वाधर स्थिति माप प्रदान करना है। गैलीलियो का उपग्रह विन्यास जीपीएस से अलग है और पूरी तरह से विकसित उपग्रह समूह में निम्न विशेषताएँ होंगी –

- 30 मध्यम ऊँचाई कक्ष वाले उपग्रह (एमईओ) 24 उपयोगी + 6 अतिरिक्त।
- 3 तल में 9 – 9 उपग्रह जो 23,616 किलोमीटर की ऊँचाई पर हैं।
- हर तल पर 1 अतिरिक्त उपग्रह।
- उत्केंन्द्रता $e = 0$।
- नत कोण 56°।
- आवृत्ति कालिक-14 घंटे 21.6 मिनट।
- वजन-675 किलोग्राम।

ऊँचे अक्षांश पर सुविधा प्रदान करने के लिए एमईओ 56° नत अक्ष पर हैं। इससे ध्रुव पर अच्छा प्रभाव क्षेत्र मिल जाता है, लेकिन भूमध्य रेखा पर प्रभाव क्षेत्र कम हो जाता है, जिसको दूर करने के लिए भविष्य में 8 भूस्थिरीय उपग्रह प्रक्षेपित करने की योजना है। गैलीलियो का पहला उपग्रह जीआईओवीई-ए (Galilio Inorbit Validation Element) परीक्षण उपग्रह था जो 28 दिसंबर 2005 को प्रक्षेपित हुआ। गैलीलियो उपग्रहों के बारे में सारणी 10.2 में दिया हैः

सारणी 10.2: गैलीलियो उपग्रहों का वर्णन					
ब्लॉक	सन्	सफल	विफल	नियोजित	वर्तमान में कार्यरत
जीआईओवीई गैलीलियो उपग्रह परीक्षण बेड	2005-08	2	0	0	0
आईओवी-Inorbit validation satellite	2011-12	4	0	0	3
एफ़ओसी-Full operational capability satellites	2014 से	22	2* (आंशिक विफल)	10	21
जी2जी	2024 से	0	0	12	0
कुल		28	2*	22	24

17 नवंबर 2016 को एरियान 5 ES से 4 उपग्रहों का एक साथ प्रक्षेपण किया गया।

10.4.1 गैलीलियो आवृत्ति बैंड

गैलीलियो नौसंचालन संकेत पाँच आवृत्ति बैंड पर प्रसारित होते हैं जो E5, E5a, E5b, E6 और E1 हैं। सारणी 10.3 में इनका विवरण दिया है।

सारणी 10.3: गैलीलियो नौसंचालन संकेत आवृत्ति बैंड					
आवृत्ति	केंद्रीय आवृत्ति MHz में	अभिग्राही संदर्भ बैंड विड्थ	पहुँच तकनीक	पीआरएन कोड लंबाई	आँकड़ों की दर sps में
E1	1575.42	24.552	CDMA	4092	250
E6	1278.75	40.92	CDMA	5115	1000
E5	1191.795	51.15	CDMA	10230	50
E5a	1176.45	20.46	CDMA	10230	50
E5b	1207.14	20.46	CDMA	10230	250

10.4.2 गैलीलियो द्वारा मिलने वाली मुख्य सुविधाएँ

गैलीलियो नागरिक उपयोग के लिए अभिकल्पित की जाने वाली पहली उपग्रह स्थिति प्रणाली है। यह यूरोपियन संघ और यूरोपियन अंतरिक्ष संस्थान का साझा प्रयास है। इसके द्वारा मिलने वाली मुख्य सुविधाएँ इस प्रकार हैं:

- खुली नौसंचालन पहुँच (OS Open Service)- किसी भी उपकरण के साथ निःशुल्क उपलब्ध सेवा 1 मीटर की परिशुद्धता के साथ।
- वाणिज्यिक नौसंचालन (CS कोडित Commercial Service)- सेंटीमीटर तक की परिशुद्धता वाली सेवा जो एक शुल्क के साथ उपलब्ध है।

- जीवन सुरक्षा नौसंचालन (SOL Safety of Life)- यह एक खुली सुविधा उन अनुप्रयोगों के लिए है जहाँ पर विश्वसनीय सटीकता की आवश्यकता है।
- सार्वजनिक विनयमित नौसंचालन (PRS Public Regulated Service) हर परिस्थिति में उपलब्ध सेवा जो साधारणतया सरकारी प्रयोक्ताओं को उपलब्ध रहेगी।
- खोज और बचाव (SAR Search And Rescue)- संकट बीकन से जानकारी लेकर खोज और बचाव प्रक्रिया में भागेदारी

सेवा के स्तर के अनुसार गैलीलियो द्वारा दी जाने वाली परिशुद्धता सारणी 10.4 में दी गई है।

सारणी 10.4: सेवा के स्तर के अनुसार गैलीलियो द्वारा दी जाने वाली परिशुद्धता

सेवा	अभिग्राही प्रकार (आवृत्ति)	संकेत	क्षैतिज स्थिति परिशुद्धता मीटर में	लम्ब स्थिति परिशुद्धता मीटर में
OS	एकल	E5a	15	35
	दोहरी	E5b	4	8
CS	दोहरी	E5b, E6	< 1	< 1
SOL	दोहरी	E5a, E5b, L	4.6	4.6
PRS	एकल	E6, L	6.5	12

10.4.3 गैलीलियो समय

गैलीलियो की अपनी समय प्रणाली है जो गैलीलियो समय प्रणाली (GST) कहलाती है। इसके दो भाग होते हैं:

- हफ्ता नंबर (WN)।
- हफ्ते में समय (TOW)।

हफ्ते के नंबर 4096 के बाद वापस पुनः स्थापन (Reset) होकर शून्य पर लाये जाएँगे। हफ्ते में 604800 सेकंड हैं जो शनिवार मध्य रात को पुनः स्थापन किए जाते हैं। जीएसटी एक 32 बिट बाइनेरी नंबर है जिसके दो भाग हैं।

10.5 एसबास की बढ़ी क्षमता और परिशुद्धता

सभी वैश्विक प्रणालियों जैसे जीपीएस, ग्लोनास, गैलीलियो की सामूहिक उपलब्धता से निम्न क्षेत्रों में बढ़ी क्षमता अपेक्षित है–

- उपलब्धता - 60 उपग्रह उपलब्ध रहने के कारण 90% समय में 4 से अधिक उपग्रह सीमा में रहेंगे।
- स्थान सटीकता - अधिक उपग्रहों की उपलब्धता से बढ़ी स्थल सटीकता संभव है।

- अखंडता - अलग-अलग उपग्रह के संकेतों के कारण अखंडता रहेगी। जीवन सुरक्षा अनुप्रयोगों में इससे लाभ मिलेगा।
- अतिरिक्तता - पूर्ण स्वतंत्र प्रणालियों को जोड़ने के कारण पूर्ण अतिरिक्तता मिल सकेगी।

10.6 आवृत्तियों का आवंटन

आवृत्तियों का आवंटन एक जटिल प्रक्रिया है क्योंकि एक ही रेंज या सीमा में बहु-सेवाएँ या उपभोक्ता रह सकते हैं। एक ही आवृत्ति को अलग-अलग उद्देश्यों के लिए अलग-अलग देशों को दिया जा सकता है। अंतर्राष्ट्रीय दूर संचार संघ (ITU) इन सभी के आवंटन की जिम्मेदारी उठाता है। चित्र 10.5 में आवृत्तियों के आवंटन को दर्शाया गया है।

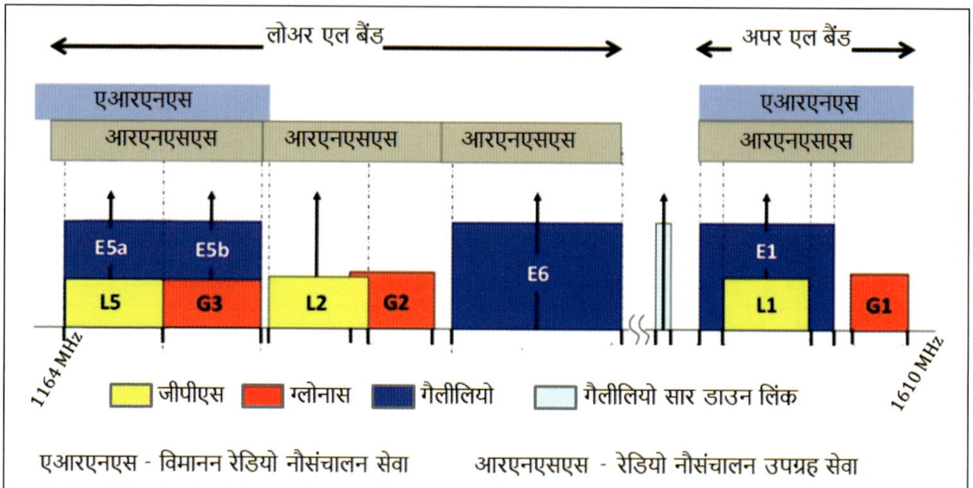

चित्र 10.5: आवृत्तियों का आवंटन

अध्याय-11

आईआरएनएसएस

भारतीय क्षेत्रीय नौसंचालन उपग्रह प्रणाली (आईआरएनएसएस) जिसका एक अन्य नाम नाविक (NAVigation with Indian Constellation) है, एक स्वायत्त नौसंचालन प्रणाली है जो भारत द्वारा स्थापित की जा रही है। इसका उपयोग भारत और निकटवर्ती 1500 किलोमीटर क्षेत्र में समय और स्थिति की सटीकता सेवा प्रदान करने के लिए होगा। नाविक में 7 उपग्रहों का समूह है, जिसमें से 3 भूस्थिरीय कक्ष और 4 भू-तुल्यकालिक कक्ष में 36, 000 किलोमीटर ऊँचाई पर हैं। आईआरएनएसएस L5 (1176.45 MHz) और एस (2492.02 MHz) बैंड में प्रयोक्ताओं को मानक स्थिति निर्धारण सेवा (एसपीएस) और प्रतिबंधित सेवा (आरएस) प्रदान करता है। भूस्थिरीय उपग्रह 32.5°E, 83°E और 129.5°E रेखांश पर हैं। भू-तुल्यकालिक उपग्रह भूमध्य रेखा को 55°E और 111.75°E पर पार करते हैं।

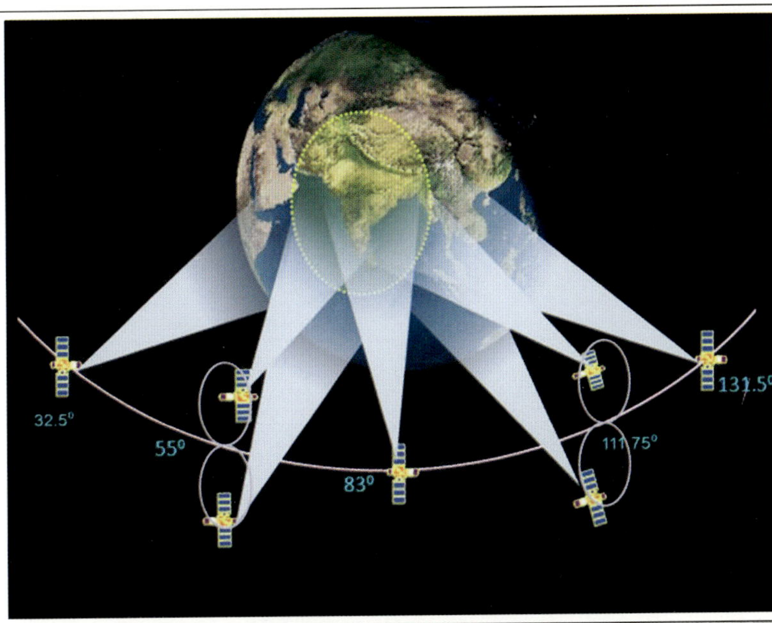

चित्र 11.1: आईआरएनएसएस उपग्रहों का विन्यास

आईआरएनएसएस के उपग्रह को चित्र 11.2 में दर्शाया गया है।

आईआरएनएसएस में अंतरिक्ष खंड, जमीनी खंड और प्रयोक्ता खंड हैं।

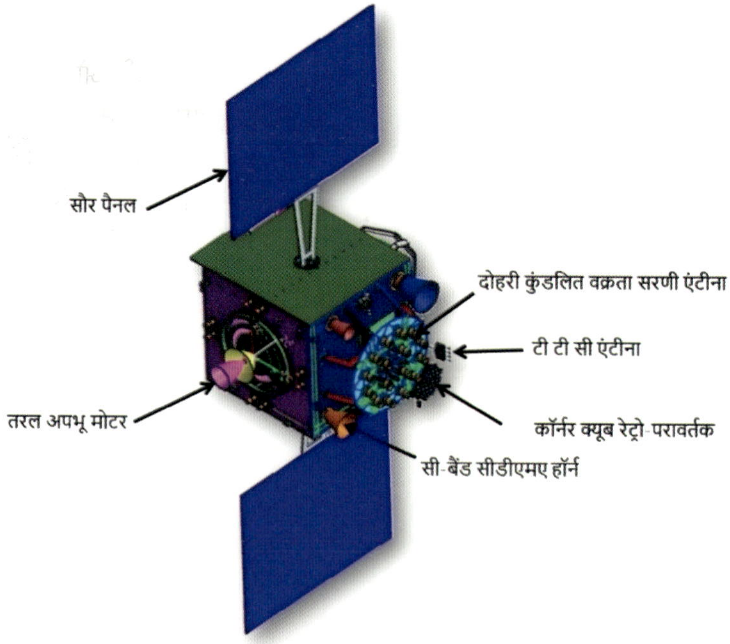

चित्र 11.2: आईआरएनएसएस उपग्रह का प्रतीकात्मक चित्र

चित्र 11.3: उपग्रह प्रक्षेपण यान में

11.1 अंतरिक्ष खंड

आईआरएनएसएस के अंतरिक्ष खंड में 7 उपग्रह हैं जिसमें से 3 जीईओ और 4 जीएसओ कक्ष में हैं जैसा कि चित्र 11.4 में दर्शाया गया है। आईआरएनएसएस उपग्रह का वजन 600 किलोग्राम है जो कि प्रक्षेपण के समय 1425 किलोग्राम था। इसमें 1600 वॉट की ऊर्जा उत्पादन की क्षमता है। नौसंचालन नीत भार एसपीएस और आरएस संकेतों को L5 और S बैंड में संचारित करता है। नौसंचालन संकेतो के उत्पादन के लिए अत्यधिक स्थिर रुबिडियम परमाणु आवृत्ति मानक (आरएएफएस) का उपयोग किया जाता है।

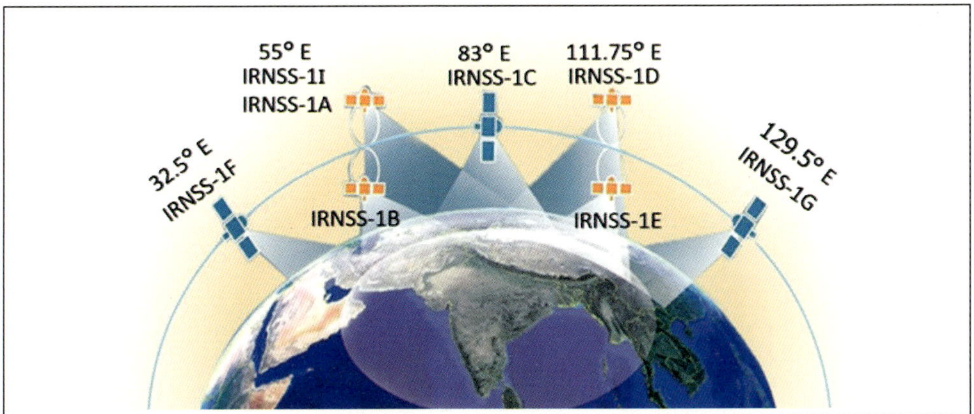

चित्र 11.4: आईआरएनएसएस के उपग्रहों की स्थिति

इस प्रणाली के सभी उपग्रह प्रक्षेपित हो चुके हैं जिनका विवरण सारणी 11.1 में दिया हुआ है।

सारणी 11.1: आईआरएनएसएस उपग्रहों का वर्णन

उपग्रह	प्रक्षेपण तारीख	यान	कक्ष	नीत भार	
1A	01 जुलाई 2013	पीएसएलवी-सी22	भू-तुल्यकाली 550 रेखांश, 290 नत	S बैंड और L5 बैंड नौसंचालन नीत भार, सी बैंड में सीडीएमए रेंजिंग नीत भार कक्ष में असफल	615.6 किलो
1B	04 अप्रैल 2014	पीएसएलवी-सी24	भू-तुल्यकाली 55° रेखांश, 29° नत	S बैंड और L5 बैंड नौसंचालन नीत भार	604.6 किलो

सारणी 11.1: आईआरएनएसएस उपग्रहों का वर्णन					
उपग्रह	प्रक्षेपण तारीख	यान	कक्ष	नीत भार	
1C	15 ओक्टोबर 2014	पीएसएलवी-सी26	भूस्थिरीय 83° रेखांश, 5° नत	नौसंचालन और रेंजिंग नीत भार	600.2 किलो
1D	28 मार्च 2015	पीएसएलवी-सी27	111.75° रेखांश, 31° नत	नौसंचालन और रेंजिंग नीत भार	608.8 किलो
1E	20 जनवरी 2016	पीएसएलवी-सी31	भू-तुल्यकाली 111.75° रेखांश, 29° नत	S बैंड और L5 बैंड नौसंचालन नीत भार	597.85 किलो
1F	10 मार्च 2016	पीएसएलवी-सी32	भूस्थिरीय 32.5° रेखांश, 5° नत	नौसंचालन और रेंजिंग नीत भार	598.30 किलो
1G	28 अप्रैल 2016	पीएसएलवी-सी33	भूस्थिरीय 129.5° रेखांश, 5.1° नत	S बैंड और L5 बैंड नौसंचालन नीत भार	610 किलो
1एच	31 अगस्त, 2017	पीएसएलवी-सी39		प्रक्षेपण असफल	
1I	12 अप्रैल 2018	पीएसएलवी-सी41	भू-तुल्यकाली 55° रेखांश, 29° नत	S बैंड और L5 बैंड नौसंचालन नीत भार	1425 किलो

आईआरएनएसएस के सभी उपग्रहों का प्रक्षेपण के समय द्रव्यमान करीबन 1430 किलो तथा उपग्रह का जीवन काल करीबन 10 वर्ष का रहा है। उपग्रहों की संक्षिप्त जानकारी यहाँ सारणी 11.2 में दी गई है:

सारणी 11.2: आईआरएनएसएस उपग्रह सबसिस्टम	
सबसिस्टम	सुविधा
मेनफ्रेम प्रणाली	
संरचना	I-1K बस; घनाभ आकार: 1.45m x 1.45m x 1.57m
थर्मल नियंत्रण प्रणाली	निष्क्रिय थर्मल नियंत्रण प्रणाली
प्रणोदक प्रणाली	390 लीटर प्रणोदक टैंक-2 नग के साथ एकीकृत बाइप्रोपेलेंट (MMH + MON3) आधारित प्रेशर फेडसिस्टमय लिक्विड अपॉजी इंजन और एटिट्यूड कंट्रोल थ्रस्टर्स (12 नग)

सारणी 11.2: आईआरएनएसएस उपग्रह सबसिस्टम	
सबसिस्टम	**सुविधा**
Attitude और कक्षा नियंत्रण प्रणाली	प्रतिक्रिया चक्र के साथ 3-अक्ष स्थिर शून्य गति आधारित नियंत्रण प्रणाली (चतुष्फलकीय विन्यास में); स्टार सेंसर, सन सेंसर, गायरोस और मैग्नेटिक टॉर्कर्स का इस्तेमाल एटिट्यूड सेंसर के रूप में किया जाता है।
टेलीमेट्री औरदूरसंचार प्रणाली	MIL-STD-1553 आधारित इंटरफेस। कमांड एन्क्रिप्शन और प्रमाणीकरण के प्रावधान के साथ CCSDS प्रकार की कमांडिंग।
विद्युतप्रणाली	42 वीसनलाइट विनियमित बस सौरपैनलः 2 नग। 2.15m x 1.8m का 1660 वाट उत्पन्न करता है. बैटरीः ग्रहण समय के लिए 1x90 Ah ली-आयन
पेलोड प्रणाली	
नेविगेशन पेलोड	ACMU और CDU के साथ RAFS नेविगेशन सिग्नल जनरेशन यूनिट। एल5-बैंड और एस-बैंड पावर एम्पलीफायर्स।
रेंजिंग पेलोड	सी-बैंड रेंजिंग पेलोड (सीडीएमए आधारित)

11.2 जमीनी खंड

जमीनी खंड में 20 स्थानों पर निगरानी स्टेशन हैं। इसमें दो मुख्य नियंत्रक केंद्र हैं जो गगन स्टेशन के साथ सह स्थित हैं। आईआरएनएसएस का कार्य क्षेत्र 55°E से 110°E रेखांश और ±40° अक्षांश के मध्य है। इसकी शुद्धता भारतीय क्षेत्र में 20 मीटर है, परंतु हम 10 मीटर की शुद्धता पाने में सफल हुए हैं। यह एक सीडीएमए आधारित प्रणाली है।

जमीनी खंड आईआरएनएसएस के संचालन और रख-रखाव के लिए जिम्मेदार है। जमीनी खंड में निम्नलिखित का समावेश हैः

- आईआरएनएसएस अंतरिक्ष यान नियंत्रण सुविधा (आईआरएससीएफ़)-9 नंबर।
- इसरो नौसंचालन केंद्र (आईएनसी)-2 नंबर।
- आईआरएनएसएस रेंज और अखंडता निगरानी स्टेशन (आईआरएमएस)-17 नंबर।
- आईआरएनएसएस नेटवर्क टाइमिंग सेंटर (आईआरएनडब्ल्यूटी)-2 नंबर।
- आईआरएनएसएस सीडीएमए रेंजिंग स्टेशन (आईआरसीडीआर)-4 नंबर।
- लेजर रेंजिंग स्टेशन (आईएलआरएस)-2 नंबर। (कमीशन किया जाना है)
- आईआरएनएसएस डाटा कम्युनिकेशन नेटवर्क (आईआरडीसीएन)-2 नंबर।

बैलालू स्थित आईएनसी सभी जमीनी स्टेशन से सुदूर ऑपरेशन द्वारा आँकड़ें संग्रह करता है। 14 आईआरएमएस वर्तमान में परिचालन कर रहे हैं और आईआरएनएसएस परिचालनों का समर्थन कर रहे हैं। चार आईआरसीडीआर स्टेशनों द्वारा सीडीएमए से सभी आईआरएनएसएस उपग्रहों के लिए नियमित रेंजिंग की जा रही है। सभी नेविगेशन पैरामीटर उपग्रह इफीमेरिस, घड़ी सुधार, अखंडता मापदंडों और द्वितीयक मापदंडों जैसे आयन देर सुधार, यूटीसी और अन्य जीएनएसएस के बीच समय ऑफसेट, अल्मानाक, पाठ संदेश और पृथ्वी अभिविन्यास पैरामीटर उत्पन्न होते हैं और स्वचालित रूप से अंतरिक्ष यान को अपलिंक कर देते हैं।

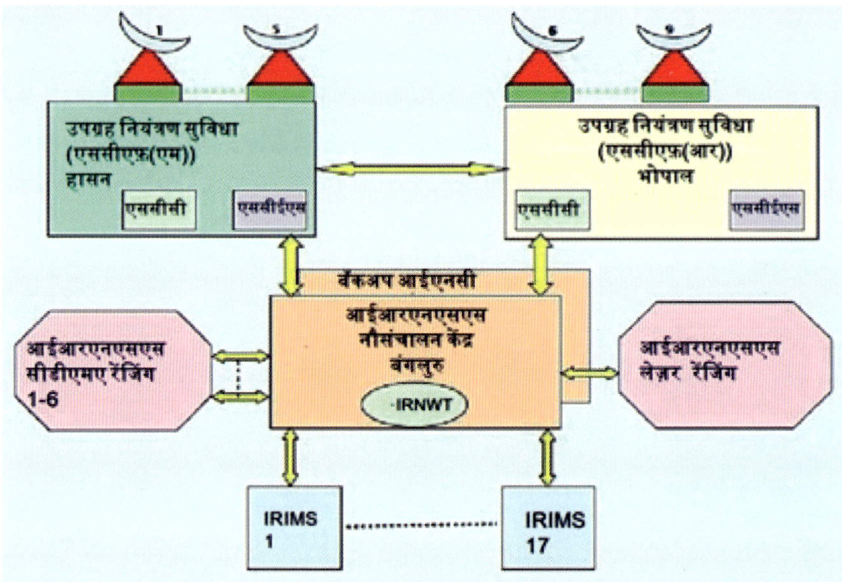

चित्र 11.5: आईआरएनएसएस की कार्य प्रणाली

11.3 उपभोक्ता खंड

उपभोक्ता खंड में एकल आवृत्ति अभिग्राही होते हैं जो एसपीएस/आरएस संकेत L5 या एस बैंड पर ग्रहण कर सकते हैं या दोहरी आवृत्ति वाले अभिग्राही होते हैं जिनके द्वारा L5 और एस बैंड आवृत्तियों पर संकेत ग्रहण हो जाते हैं। आईआरएनएसएस के घटक चित्र में दर्शाये गए हैं।

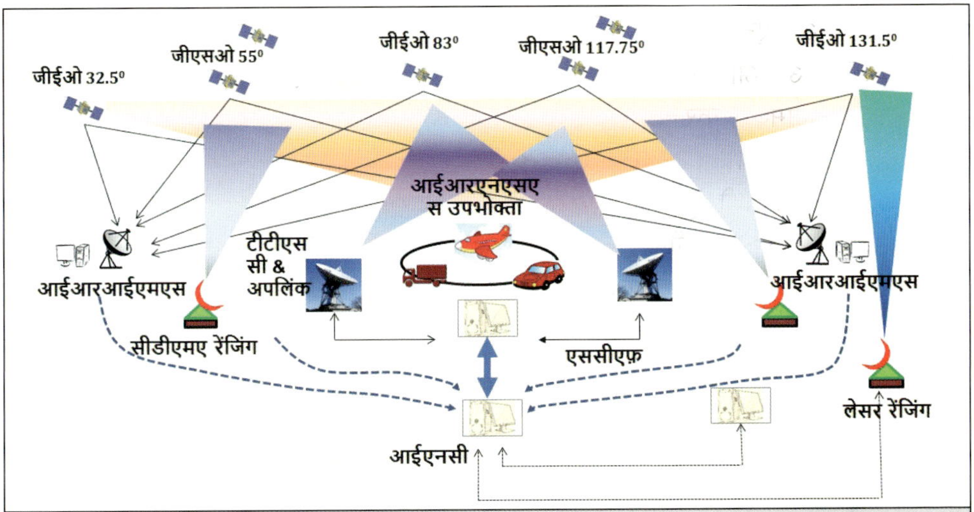

चित्र 11.6: आईआरएनएसएस के घटक

11.4 आईआरएनएसएस संकेत

आईआरएनएसएस उपग्रहों के समूह से भारत में 20 मीटर या उससे अच्छी की स्थिति सटीकता (2σ), तथा 1500 किलोमीटर के फैले क्षेत्र तक पहुँचने की संभावना है।

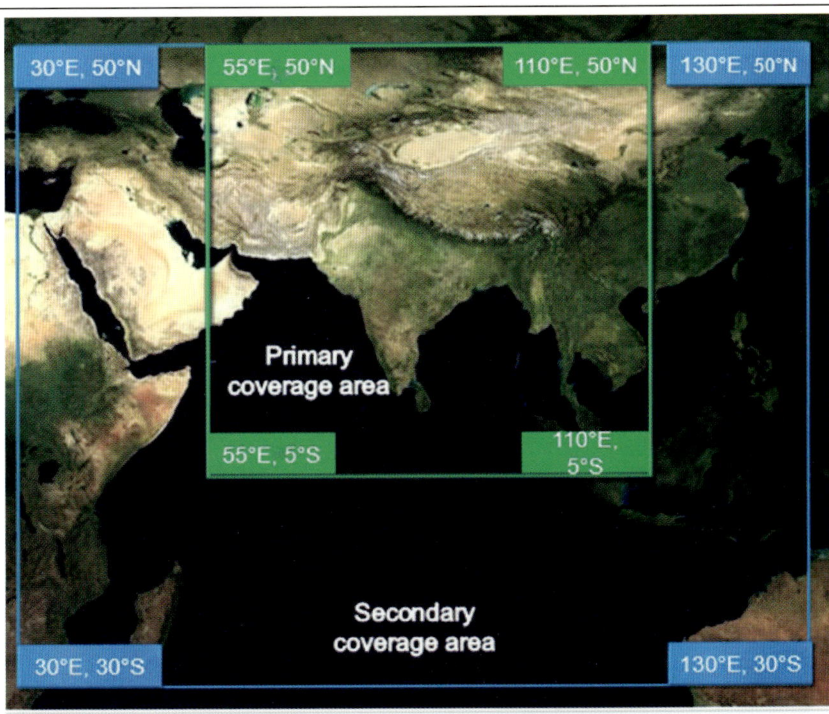

चित्र 11.7: आईआरएनएसएस का कार्य क्षेत्र

यह प्रणाली दो प्रकार की सेवाएँ प्रदान करेगी।

- एसपीएस (मानक स्थिति निर्धारण सेवा)।
- आरएस (प्रतिबंधित/अधिकृत सेवा)।

ये दोनों सेवाओं L5 और S बैंड आवृत्तियों में उपलब्ध रहेंगी। एसपीएस द्वि फेज़ शिफ्ट कीइंग बीपीएसके (1) का उपयोग करेगा और आरएस सेवा बाइनेरी ऑफसेट वाहक (बीओसी) का उपयोग करेगी।

11.5 आईआरएनएसएस के अनुप्रयोग

आईआरएनएसएस के कुछ मुख्य अनुप्रयोग इस प्रकार हैं–

- स्थलीय, हवाई और समुद्री नौसंचालन में।
- आपदा प्रबंधन में।
- वाहन ट्रैकिंग और बेड़ा प्रबंधन में।
- मोबाइल फोन के साथ एकीकरण।
- सटीक समय।
- मापन और जिओडेटिक आँकड़े का संग्रहण।
- यात्रियों और पैदल यात्रियों (Hikers) के लिए स्थलीय नौसंचालन सहायता।
- वाहन चालकों के लिए दृश्य और आवाज नौसंचालन।

अध्याय-12

एसबास (Satellite Based Agumentation System) उपग्रह आधारित संवर्धन प्रणाली

एसबास एक महत्त्वपूर्ण नागरिक उड्डयन सुरक्षा प्रणाली है जो व्यापक क्षेत्र या क्षेत्रीय संवर्धन के साथ, भूस्थिरीय उपग्रहों द्वारा प्रसारित सूचना के जरिए महाद्वीपीय संवर्धन का समर्थन करती है। कोई भी एसबास, जीएनएसएस के समूह को जीईओ अखंडता और सुधार की जानकारी देकर बढ़ाता है। एसबास का मुख्य उद्देश्य अखंडता आश्वासन् प्रदान करना है पर उसके साथ-साथ यह परिशुद्धता बढ़ा कर त्रुटियों को 1 मीटर से कम तक ले आता है।

एसबास की जमीनी सुविधाओं में सटीक सर्वेक्षण वाले संवेदक स्टेशन होते हैं जो प्राथमिक जीएनएसएस उपग्रहों से संकेत आँकड़ें ग्रहण करते हैं और संसाधन सुविधा केंद्र हैं जो अखंडता और सुधार की गणना करते हैं जिससे एसबास के अंतरिक्ष में संकेत (एसआईएस) बनते हैं। एसबास के उपग्रह, एसआईएस को एसबास प्रयोक्ताओं तक भेजते हैं ताकि स्थिति और समय की गणना हो सके। इसके लिए प्राथमिक जीएनएसएस समूह के उपग्रहों के साथ एसबास जीईओ उपग्रह और एसबास सुधार के आँकड़ों का प्रयोग होता है।

एसबास द्वारा प्रदान की गई जानकारी, उपग्रह की स्थिति की त्रुटियाँ, समय की त्रुटियाँ और आयनमंडल से पार होते समय होने वाली देरी की त्रुटियों को सुधारती है।

12.1 एसबास सेवा का स्तर

एसबास के प्रदर्शन को सेवा के स्तर से परिभाषित किया जाता है। एसबास का मुख्य उपयोग नागरिक उड्डयन की सुरक्षा के प्रति आवश्यकता से आता है जो हर नागरिक विमानन संचालन के लिए अलग है। सारणी 12.1 में इसका विवरण दिया है।

सारणी 12.1: एसबास के प्रदर्शन के सेवा के स्तर					
संचालन	क्षैतिज सटीकता (95%)	लंब सटीकता (95%)	अखंडता	संकट सूचना	निरंतर उपलब्धता
रास्ते में	3.7 किलोमीटर (2.0 एनएम)	लागू नहीं	$1 - 1 \times 10^{-7}$/h	5 मिनट	0.99 से 0.99999
टर्मिनल के रास्ते में	0.74 किलोमीटर (0.4 एनएम)	लागू नहीं	$1 - 1 \times 10^{-7}$/h	15 सेकंड	0.99 से 0.99999
अपरिशुद्ध आगमन / रवानगी	220 मीटर	लागू नहीं	$1 - 1 \times 10^{-7}$/h	10 सेकंड	0.99 से 0.99999
ऊर्ध्वाधर मार्गदर्शन के साथ आगमन ऑपरेशन (एपीवी-I)	16 मीटर	20 मीटर	$1 - 2 \times 10^{-7}$/ आगमन	10 सेकंड	0.99 से 0.99999
ऊर्ध्वाधर मार्गदर्शन के साथ आगमन ऑपरेशन (एपीवी-II)	16 मीटर	8 मीटर	$1 - 2 \times 10^{-7}$/ आगमन	6 सेकंड	0.99 से 0.99999
श्रेणी –I में सटीक आगमन	16 मीटर	6 मीटर – 4 मीटर	$1 - 2 \times 10^{-7}$/ आगमन	6 सेकंड	0.99 से 0.99999
स्रोत: http://www-navipedia-net/indeÛ-php/SBAS_Fundamentals					

12.2 एसबास सेवाएँ

पूरे विश्व में एसबास की कई सेवाएँ हैं। जिनमें से प्रमुख को चित्र 12.1 में दर्शाया गया है।

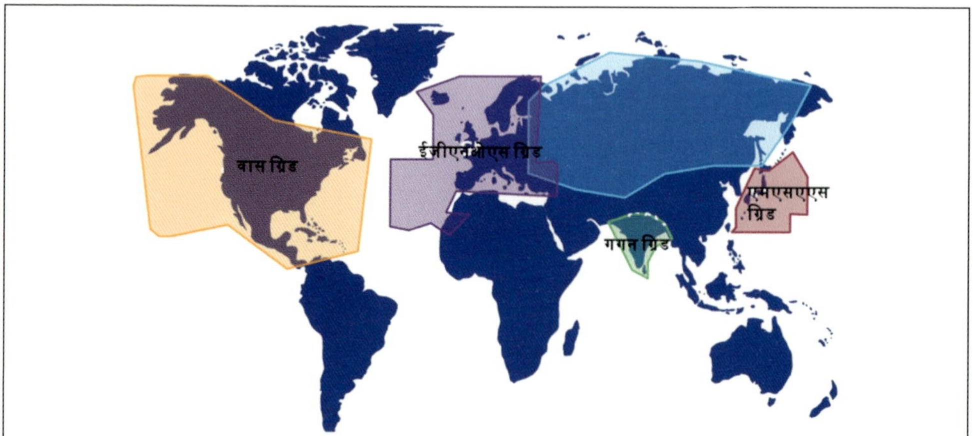

चित्र 12.1: एसबास का सेवा क्षेत्र

12.2.1 डब्ल्यूएएएस

बृहत क्षेत्र संवर्धन प्रणाली एक नौसंचालन सहायता है जो जीपीएस का संवर्धन करने के लिए फेडरल एविएशन एडिमनिस्ट्रेशन द्वारा विकसित की गई है, जिससे जीपीएस की सटीकता, अखंडता और उपलब्धता में सुधार हो सके। यह उत्तर अमेरिका और हवाई में स्थित जमीनी संदर्भ स्टेशन का उपयोग करता है।

12.2.2 ईजीएनओएस

यूरोपियन भूस्थिरीय नौसंचालन ओवेरले सेवा एक उपग्रह आधारित संवर्धन प्रणाली है जो जीपीएस, ग्लोनास और गेलिलिओ को पूरकता देती है तथा उनकी विश्वसनीयता बढ़ाती है। इसमें 40 जमीनी स्टेशन हैं और 3 भूस्थिरीय उपग्रह है। जमीनी स्टेशन, उपग्रह नौसंचालन की परिशुद्धता ज्ञात कर उसे भूस्थिरीय उपग्रह को भेज देते है। प्रयोक्ताओं को यह जानकारी ईजीएनओएस सक्षम अभिग्राही द्वारा प्राप्त होती है।

12.2.3 एमएसएएस

एमटीएसएटी उपग्रह संवर्धन प्रणाली जापान की एसबास प्रणाली है जो डीजीपीएस को पूरकता देती है। एमटीएसएटी-1 आर उपग्रह 140°E पर और एमटीएसएटी-2 145°E पर स्थित है।

12.2.4 एसडीसीएम

यह रूस द्वारा विकसित एसबास प्रणाली है जो अंतरीसुधार और निगरानी के लिए है। यह जीपीएस और ग्लोनास दोनों प्रणालियों के लिए अखंडता सुधार प्रदान करती है। इसमें 19 स्टेशन हैं जो रूस में हैं तथा केंद्रीय संसाधन सुविधा मास्को में है। इसमें 4 जीईओ उपग्रह हैं।

चीन की एसबास प्रणाली सैटेलाइट नेविगेशन ऑग्मेंटेशन सिस्टम (SNAS और वर्तमान में BDSBAS) और दक्षिण कोरिया की प्रणाली वाइड एरिया डिफरेंशियल ग्लोबल पोजिशनिंग सिस्टम (WADGPS) का अभी विकास हो रहा है।

12.3 गगन

भारतीय अंतरिक्ष अनुसंधान संगठन (आईएसआरओ) ने भारतीय विमान पत्तन प्राधिकरण (एएआई) के साथ मिलकर एक संयुक्त कार्यक्रम तैयार किया जिसका उद्देश्य एसबास को जीपीएस/ग्लोनास के साथ भारतीय हवाई सीमा में लागू करना था। गगन यानि जीपीएस सहायता से भू-संवर्धित नौसंचालन का (GPS Aided GEO Augmented Navigation) मुख्य उद्देश्य जीवन अनुप्रयोगों की सुरक्षा के लिए एक प्रमाणित उपग्रह आधारित संवर्धन प्रणाली स्थापित करना है। गगन का कार्यात्मक प्रदर्शन और संचालन आवश्यकताएँ, अंतर्राष्ट्रीय मानकों में उल्लेखित विनिर्देशों के अनुसार नियंत्रित होता हैं। यह प्रणाली यूएस-डब्ल्यूएएएस,

यूरोपीय ईजीएनओएस, जापानी एमएसएएस आदि जैसी अन्य अंतर्राष्ट्रीय प्रणालियों के साथ अंतर संचालनशील होगी।

12.3.1 गगन के मुख्य तत्त्व

गगन के मुख्य तत्त्व इस प्रकार हैं:

- 15 भारतीय संदर्भ केंद्र (आईआरएनएसएस)।
- 2 भारतीय मास्टर मुख्य नियंत्रण केंद्र (आईएनएमसीसी)।
- 3 भारतीय अपलिंक केंद्र।
- 4 नेटवर्क की 4 कड़ियाँ (ओएफसी - वीसैट)।
- 3 जीईओ उपग्रह गगन के अधिभार के साथ।

गगन के विन्यास में अंतरिक्ष खंड, जमीनी खंड और प्रयोक्ता खंड है जो चित्र 12.2 में दर्शाये गए हैं।

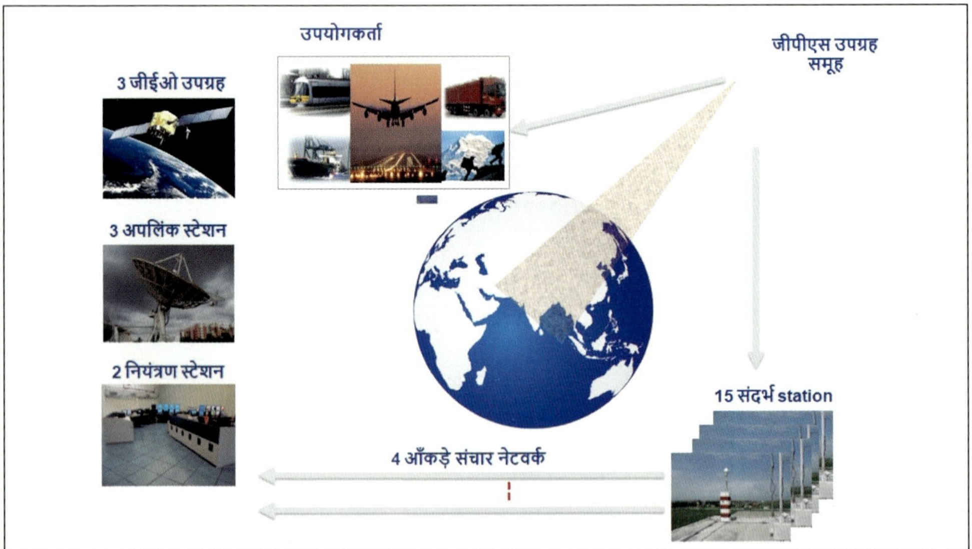

चित्र 12.2: गगन का विन्यास

12.3.2 गगन के संदर्भ स्टेशन

कुल 15 भारतीय संदर्भ स्टेशन में से 8 स्टेशन, तकनीकी विकास के समय स्थापित किये गए थे। 15 स्थान जहाँ पर ये स्टेशन विद्यमान हैं वे इस प्रकार हैं - दिल्ली, अहमदाबाद, बैंगलुरु, थिरुवनंतपुरम, कोलकत्ता, गुवाहाटी, पोर्ट ब्लेयर, जम्मू, गया, जैसलमेर, नागपुर, डिब्रुगढ़, भुवनेश्वर, पोरबंदर और गोवा। इन स्थानों का चयन बहु-पथ सर्वेक्षण, रव सर्वेक्षण और ऊँचाई के स्वरूप के अध्ययन के बाद किया गया था। चित्र 12.3 में गगन के स्टेशन दर्शाये गए हैं।

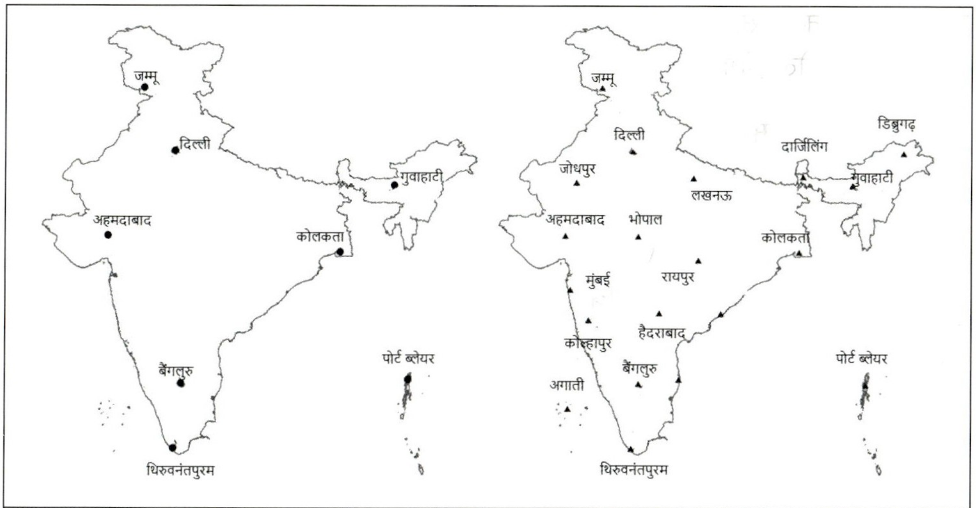

चित्र 12.3: भारतीय संदर्भ और कुल इलेक्ट्रॉन गणना (टीईसी) के स्टेशन

12.3.3 गगन का मुख्य नियंत्रण केंद्र

मुख्य नियंत्रण केंद्र कुंदनहाली, बैंगलुरु में स्थापित है। इसमें आँकड़ें संचार उप प्रणाली (डीसीएसएस), सुधार और सत्यापन उप-प्रणाली (सी व वीएस), संचालन और रख-रखाव उप-प्रणाली (ओएमएसएस) और सेवा निगरानी उप-प्रणाली (सीएसएमएस) का समावेश है।

चित्र 12.4: गगन के केंद्र

भारतीय नौसंचालन भूमि अपलिंक स्टेशन (आईएनएलयूएस) मुख्य नियंत्रण केंद्र से सुधार संदेश स्वीकार कर उन संदेशों को जीपीएस के अनुरूप बना कर उन्हें जीईओ को प्रक्षेपित करते हैं ताकि प्रयोक्ताओं तक पहुँच सके।

L1 और L5 नौसंचालन नीत भार गगन के भूस्थिरीय घटक में 83°E पर भारतीय उपग्रह में है। वर्तमान में गगन का नीतभार जी सैट-8 और जी सैट-10 में उपलब्ध है। पहला नीत भार 21 मई 2011 को जी सैट-8 पर तथा दूसरा नीत भार 29 सितंबर 2012 को जी सैट-10 द्वारा प्रक्षेपित हुआ।

12.3.4 गगन का प्रणाली स्थिरता परीक्षण

जून-जुलाई 2013 के दौरान हुए प्रणाली स्थिरता परीक्षण के सफल समापन ने नागरिक विमानन की आवश्यकताओं को पूर्ण करने के लिए गगन प्रणाली के प्रमाणीकरण का मार्ग प्रशस्त हुआ। स्थिरता परीक्षण का उद्देश्य प्रणाली के प्रदर्शन और इसके महत्त्वपूर्ण मापदंडों का एकीकृत जीवंत परिस्थितियों में उपग्रह संकेत और जमीन आधारित प्रणालियों का अखंडता, सटीकता, निरंतरता और विमानन उपयोग के लिए उपलब्धता मूल्यांकन करना था। चित्र में गगन प्रणाली के प्रमाणीकरण की प्रक्रिया को दर्शाया गया है।

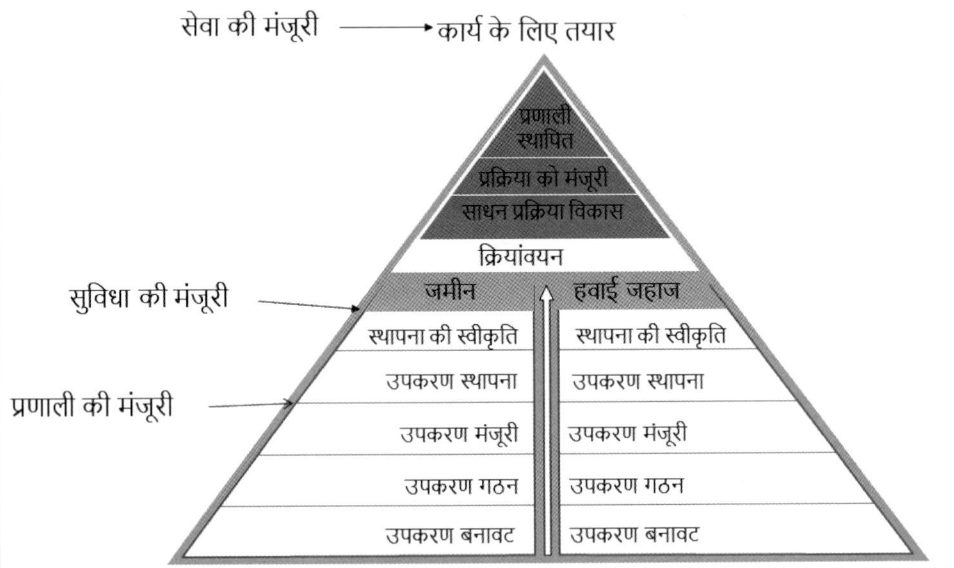

चित्र 12.5: गगन प्रणाली के प्रमाणीकरण की प्रक्रिया

अमेरिका, यूरोप और जापान के बाद भारत चौथा देश है जिसने क्षेत्रीय एसबास के स्थापना की चुनौती ली है जो भारत और समीपवर्ती क्षेत्रों में नौसंचालन को पुनः परिभाषित करेगा। गगन को डीजीसीए द्वारा अपरिशुद्ध पहुँच सेवा प्रदान करने के लिए भारतीय भूमि के ऊपर प्रमाणित किया गया है। गगन का पद चिन्ह (Foot print) भारत के अलावा अफ्रीका से ऑस्ट्रेलिया तक के विशाल क्षेत्र का समाविष्ट करेगा ताकि विश्व भर में बिना रुकावट के नौसंचालन हो सके। गगन को अतिरिक्त सटीकता, उपलब्धता और अखंडता प्रदान करने के लिए अभिकल्पित किया है जो प्रयोक्ताओं को उड़ान के सभी चरणों के दौरान (जैसे

हवाई मार्ग और आगमन आदि) योग्य हवाई अड्डों पर जीपीएस पर भरोसा करने के लिए विश्वास देगा।

गगन के प्रणाली के सभी घटक चित्र 12.6 में दर्शाये गए हैं।

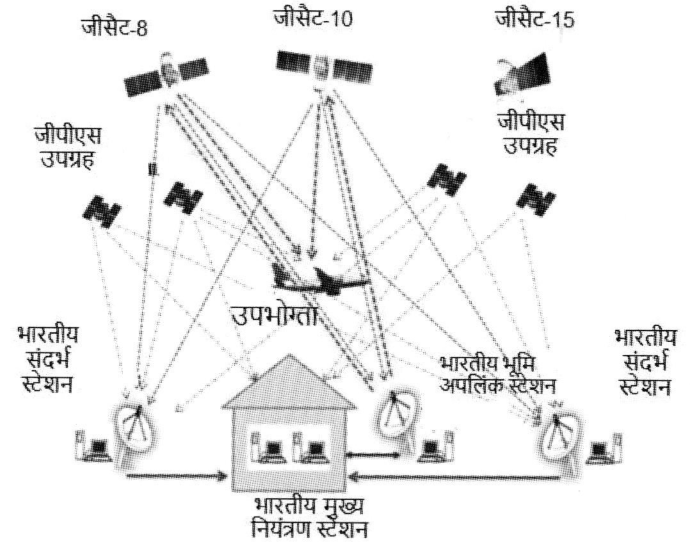

चित्र 12.6: गगन प्रणाली के घटक

गगन के द्वारा स्थिति में बढ़ती सटीकता मिलेगी जिसके द्वारा उच्च गुणवत्ता वाले हवाई यातायात प्रबंधन को अनुमति मिलेगी। इसके अतिरिक्त गगन द्वारा विमानन के अलावा परिवहन के सभी साधन जैसे समुद्री जहाज, राजमार्ग, रेल्वे और सार्वजनिक सेवा जैसे रक्षा, सुरक्षा, दूर संचार और व्यक्तिगत स्थान स्थिति सेवा आदि को लाभ प्रदान होगा।

इस परियोजना का प्रारंभ सन् 2002 में हुआ था और सन् 2004 – 07 के दौरान प्रौद्योगिकी के विकास का प्रदर्शन हुआ।

यद्यपि गगन का प्राथमिक उपयोग भारतीय नागरिक उड्डयन विमान प्राधिकरण के लिए है पर यह अन्य अनुप्रयोगों में भी उपयोग में लाया जा सकता है। एकल उपभोक्ता को भी गगन के उपयोग से उच्च परिशुद्धता मिलेगी जिससे संकरी गलियों और रास्तों पर वह स्वयं का नौसंचालन कर सके। यह सुविधा शुल्क मुक्त है और आवरण क्षेत्र में गगन अभिग्राही के साथ ली जा सकती है।

12.3.5 गगन से जुड़े कुछ प्रश्नों के सवाल-जवाब

गगन से जुड़े कुछ प्रश्न और उनके उत्तर यहाँ पर दिये हुए हैं।

- एमएमआर - एमएमआर यानि मल्टी मोड अभिग्राही। ये बहु तरीके से काम करने वाला अभिग्राही है जो मूल जीपीएस के संकेत के साथ-साथ गगन के संकेत भी

ग्रहण करेगा। भविष्य में एसबास के संकेत भी यह ग्रहण कर सकेगा। यह वीएचएफ, यूएचएफ, वीओआर और दूसरे संकेत ग्रहण करने की भी क्षमता रखता है।

- जीपीएस आधुनिक होने से एसबास पर क्या फर्क पड़ेगा - दूसरी नागरिक आवृत्ति L5 के आने से, जीपीएस संकेतों के संसाधन की प्रक्रिया में अंतर आएगा जिससे एसबास संदेश संरचना में परिवर्तन होगा। सभी इस संकेत के उपलब्ध होने पर परिवर्तन करेंगे।
- क्या गगन संदेश कोडित हैं - गगन का उपयोग नागरिक सुरक्षा और अन्य नौसंचालन अनुप्रयोग के लिए अभिप्रेत है इसलिए यह कोडित नहीं है। जीपीएस संकेतों की तरह ये स्थानीय आरएफ़ संकेतों से प्रभावित हो सकते हैं।
- क्या गगन सही समय संदर्भ प्रदान करेगा - आईसीएओ के विनिर्देशों के अनुसार गगन नेटवर्क टाइम (जीएनटी) को जीपीएस समय के 50 नैनो सेकंड और यूटीसी से 20 नैनो सेकंड के अंदर संचालित किया जाएगा। इन सबके साथ गगन एक सटीक समय संदर्भ प्रदान कर सकता है।
- क्या गगन का कार्य क्षेत्र बढ़ाया जा सकता है - गगन का कार्य क्षेत्र, आवरण क्षेत्र में नए संदर्भ स्टेशन लगा कर बढ़ाया जा सकता है।
- आयन मंडल के आँकड़े कैसे संग्रहीत होते हैं - गगन संदर्भ स्टेशन पर जीपीएस आँकड़े एकत्रित किए जाते हैं जिनके द्वारा संकेत देरी और आयन मंडल की त्रुटियों की गणना की जाती है। फिर उसे गगन नौसंचालन संकेत के भाग के रूप में प्रयोक्ता तक भेज दिया जाता है।
- गगन कैसे पता करता है कि जानकारी किस अभिग्राही की खास स्थिति के लिए है - गगन दो तरीके से सुधार संदेश भेजता है जिनमें जीपीएस आँकड़ें (स्थिति, समय) और आयन मंडल आँकड़ों का समावेश है। जीपीएस आँकड़ें सभी प्रयोक्ता के लिए समान है पर आयन मंडल आँकड़े प्रयोक्ता की स्थिति पर निर्भर करते हैं।

12.3.6 गगन की शुद्धता

गगन की शुद्धता या कार्य क्षमता RNP में नापी जाती है। आरएनपी का अर्थ है आवश्यक नौसंचालन प्रदर्शन (Required Navigation Performance)। आरएनपी एक विशेष प्रक्रिया या हवाई क्षेत्र के एक विशिष्ट ब्लॉक के लिए आवश्यक प्रदर्शन के स्तर को भी संदर्भित करता है। आरएनपी 1 का मतलब है कि नौसंचालन प्रणाली को 1 समुद्री मील के अंदर अपनी स्थिति की गणना करने की सक्षमता होना चाहिए। कार्यक्षमता का दूसरा माप एपीवी यानि खड़ी पहुँच मार्गदर्शन (Approach to Vertical guidance) है। गगन की कार्यक्षमता का स्तर भारतीय भूमि पर एपीवी 1.0 और समुद्री क्षेत्र पर आरएनपी 0.1 रहेगा। सारणी 12.2 में आवश्यक हवाई प्रदर्शन की आवश्यकताएँ दी गई हैं

सारणी 12.2: हवाई प्रदर्शन की आवश्यकताएँ

उड़ान चरण	शुद्धता	TTA	अखंडता	एचएएल	VAL
रास्ते में	3.7 Km (H)	5 min	$1-10^{-7}$/h	4 Nm	N/A
आरएनपी 0.1	72 m (H)	10 s	$1-10^{-7}$/h	185 m	N/A
एपीवी 1.0	16 m (H) 20 m (V)	10 s	$1-2x10^{7}$/app	40 m	50 m
सीएटी 1	16.0 m (H) 6.4 m (V) 6-4 m (V)	6.0 s	$1-2x10^{-7}$/app	40 m	15-10 m

अध्याय-13

अभिग्राही

13.1 अभिग्राही के प्रकार

अभिग्राही को आमतौर पर उनकी भौतिक विशेषता, जीपीएस तत्त्व और उनकी सटीकता के बारे में दावे के आधार पर वर्गीकृत किया जा सकता है। अभिग्राही को तीन वर्गों में विभाजित करते हुए चित्र 13.1 में एक वर्गीकरण दर्शाया गया है।

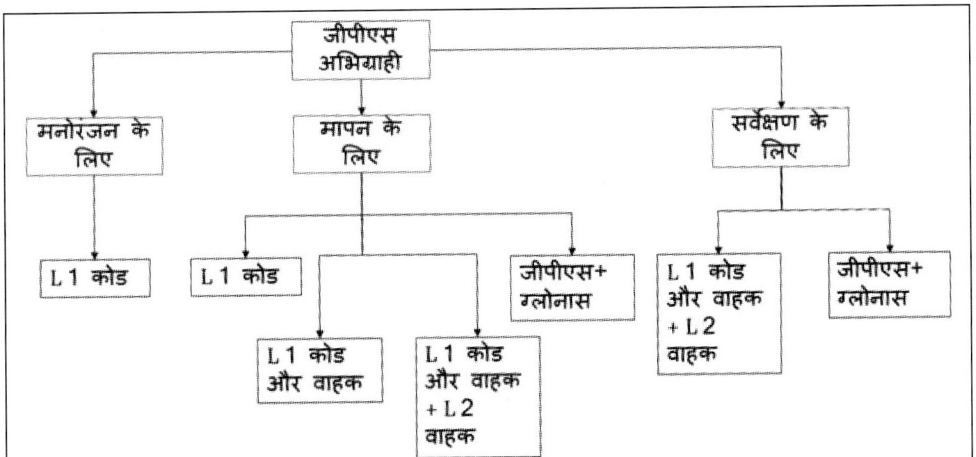

चित्र 13.1: जीपीएस अभिग्राही के प्रकार

मनोरंजन के लिए बने जीपीएस अभिग्राही बहुत कम विशेषता वाले होते हैं। उनके द्वारा 5 से 15 मीटर तक की स्थिति परिशुद्धता प्राप्त की जा सकती है। इनमें आँकड़े भंडारण की भी सुविधा नहीं होती। मापन के अभिग्राही वे होते हैं जो उपयोग कर्ता को पीडीओपी, एसएनआर जैसी आवश्यकताओं को समनुरूप (Configure) करने की सुविधा देते हैं। इनमें एकीकृत एंटीना, भंडारण की सुविधा के साथ-साथ 0.5 – 5 मीटर तक परिशुद्धता की क्षमता होती है। सर्वेक्षण के लिए बने अभिग्राही अपरिवर्तित या वास्तविक समय स्थिति दोनों में लगातार नेटवर्क सटीकता की उपलब्धता के लिए अभिकल्पित किए जाते हैं। ये सबसे सटीक स्थान सटीकता देते हैं जो वास्तविक समय में 1 मीटर से कम हो सकती है और संसाधन के बाद 0.1 मीटर तक बढ़ाई जा सकती है। ये साधारणतया दो आवृत्ति वाले होते हैं। इस तरह के अभिग्राही कई स्वतंत्र चैनल से, उपग्रहों से एक मिनट से भी कम समय में संकेत प्राप्त करने लगते हैं।

अभिग्राही को विभाजित करने के कुछ और प्रकार इस प्रकार हैं:

13.1.1 बनावट के आधार पर

आधुनिक सैन्य अभिग्राही मुख्य रूप से सतत् उपग्रह ट्रैकिंग बनावट का उपयोग करते हैं, पर कुछ अभिग्राही वैकल्पिक बनावट जैसे अनुक्रमिक (Sequential) या बहुभागी (Multiplex) ट्रैकिंग का उपयोग करते हैं ताकि हार्डवेयर की जटिलता कम हो सके।

a. अनवरत ट्रैकिंग अभिग्राही - इस अभिग्राही में 4 उपग्रहों को एक साथ तथा नए उपग्रहों को ट्रैक करने के लिए 5 या उससे अधिक हार्डवेयर चैनल होते हैं। अधिक जटिलता होने के कारण ये पारंपरिक रूप से महंगे होते हैं पर सबसे अच्छे प्रदर्शन की पेशकश करते हैं। पाँचवें चैनल का उपयोग अगले उपग्रह का नौसंचालन संदेश पढ़ने के लिए किया जाता है जब अभिग्राही उपग्रहों का चयन बदलता है। इनका एंटी जैमिंग प्रदर्शन सबसे अच्छा होता है और सबसे पहली स्थिति सुनिश्चित करने का समय (Time to First Fix (टीटीएफ़एफ़)) भी सबसे कम है। टीटीएफ़एफ़ कम होने के कारण तेज गति के गतिशील वाहन जैसे हवाई जहाज, लड़ाकू विमान, पनडुब्बियों के लिए ये बहुत उपयोगी हैं।

b. अनुक्रमिक जीपीएस अभिग्राही - इस अभिग्राही में एक या दो हार्डवेयर चैनल होते हैं जो क्रमबद्ध तरीके से उपग्रहों को ट्रैक करते हैं। एक समय में एक ही उपग्रह ट्रैक किया जाता है। फिर समय और 4 उपग्रहों की छद्म दूरी (Pseudo Range) के अध्ययन से गणना की जाती है। ये अभिग्राही सबसे सस्ते होते हैं पर इनका टीटीएफ़एफ़ सबसे कम होने के कारण ये उच्च गतिशीलता में कार्य नहीं कर सकते। एक चैनल अनुक्रमिक जीपीएस अभिग्राही स्थिति पता चलाने और आयन मंडल देरी की क्षति पूर्ति के लिए L1 और L2 दोनों आवृत्तियों पर चार छद्म दूरियों का मापन करता है। ये अभिग्राही साधारणतया स्थिर अनुप्रयोगों में प्रयोग में लाए जाते हैं। दो चैनल अनुक्रमिक अभिग्राही मध्यम गतिशील वाहन जैसे हेलीकॉप्टर के लिए विकसित किए गए हैं। चार छद्म दूरियों के अधिग्रहण के पश्चात एक चैनल नौसंचालन (छद्म दूरी नाप, वाहक ट्रैकिंग) तथा दूसरा उपग्रह के नौसंचालन संदेश पढ़ने के लिए समर्पित होता है।

c. बहुभागी (Multiplex) अभिग्राही - ये अभिग्राही एक तेज वेग से (आमतौर पर 50 Hz) ट्रैक किए जा रहे उपग्रहों के बीच स्विच करते रहते हैं और 2-8 संकेत संसाधन एल्गॉरिथ्म के लिए अनवरत नमूने आँकड़े एकत्रित करते रहते हैं। इसका संकेत रव अनुपात (S/N) 10 log (n) होता है जो अनवरत ट्रैकिंग अभिग्राही से कम है। ये आमतौर पर वाणिज्यिक अभिग्राही होते हैं जहाँ पर ये कम कीमत का उत्पाद देते हैं और जहाँ हस्तक्षेप की अधिक चिंता नहीं होती।

13.1.2 दृष्टि में आए सभी उपग्रहों से आँकड़ा अभिग्रहण अभिग्राही

साधारणतया अभिग्राही 4 अच्छी ज्यामिती वाले उपग्रहों के अधिकरण के बाद स्थिति की गणना करते हैं पर यदि ऐसी स्थिति में जहाँ पर एंटीना की दृष्टि से कोई उपग्रह छिप रहा हो, अभिग्राही को सतत् स्थान, गति और समय की गणना के लिए एक और अतिरिक्त उपग्रह से संकेत प्राप्त करने पड़ेंगे। जब तक नए उपग्रह से संकेत प्राप्त नहीं होते तब तक गणित स्थिति, गति, समय (PVT) का सही मान कम होते जाएगा। इस समस्या का समाधान ऐसे अभिग्राही हैं जो दृष्टि में आ रहे सभी उपग्रहों से संकेत प्राप्त करते रहते हैं और बिना किसी गिरावट के निर्धारित समाधान देते रहें।

13.1.3 स्वायत्त अखंडता निगरानी तकनीक

अखंडता निगरानी के उद्देश्य से जीपीएस अभिग्राही अतिरिक्त उपग्रहों को ट्रैक कर सकते हैं। यह कार्य अभिग्राही बनावट से अलग है। एक उपग्रह को एक समय में छोड़ कर (अलग कर) बाकी उपग्रहों से सभी संभव स्थिति समाधान निकाले जाते हैं। परिणामों में आई विसंगतियों से पूर्ण दोषी उपग्रह की पहचान कर उसे अलग किया जाता है। अखंडता की विफलता का पता लगाने के लिए कम-से-कम पाँच उपग्रह और एक दोषपूर्ण उपग्रह को अलग करने के लिये 6 उपग्रहों को ट्रैक करना आवश्यक है।

13.1.4 समय हस्तांतरण अभिग्राही

जीपीएस का उपयोग सटीक समय प्रसार अनुप्रयोग के लिए किया जाता है। अगर जीपीएस अभिग्राही किसी एक ज्ञात स्थान पर स्थित है तो समय की गणना के लिए केवल एक ही उपग्रह की आवश्यकता होगी। आवश्यक सटीक स्थान प्राप्त करने के लिए अभिग्राही चार उपग्रहों का प्रयोग करता है। इन अभिग्राही में एक आंतरिक Oscillator या बाह्य आवृत्ति स्रोत (रूबीडीयम, सीज़िम) शामिल होता है। जब भी अभिग्राही उपग्रह को ट्रैक करता है तब 1, 5 या 10 MHz की संदर्भ आवृत्ति उत्पन्न करता है जो यूटीसी समय के साथ समकालिक (Synchronised) है। यदि कोई उपग्रह उपलब्ध नहीं है तो बाह्य आवृत्ति स्रोत से संदर्भ आवृत्ति उत्पन्न की जाती है। समय हस्तांतरण अभिग्राही के निर्माता 20 से 50 नैनो सेकंड की परिशुद्धता का दावा करते हैं, पर इसके लिए 10-60 मिनट की अवधि के लिए औसत छद्म दूरी की आवश्यकता होती है। बाह्य आवृत्ति स्रोत होने के कारण ये अभिग्राही, जब भी उपग्रह दृष्टि में हो तब आवृत्ति स्रोत की लंबे समय की त्रुटियों को ठीक कर सकते हैं। एक स्थिर अभिग्राही जिसमें सटीक समय और समय अंतराल (पीटीटीआई) अंतरफलक (Interface) लगा हो, 50-60 नैनो सेकंड की शुद्धता के साथ यूटीसी प्रदान करने में सक्षम होगा।

13.1.5 अंतरी अभिग्राही (डीजीपीएस)

ये अभिग्राही उन अनुप्रयोगों में प्रयुक्त होते हैं जहाँ पर पीवीटी में परिष्कृत परिशुद्धता की आवश्यकता हो या इच्छित हो। डीजीपीएस इस सिद्धांत पर आधारित है कि एक ही क्षेत्र में स्थित सभी अभिग्राही एक उपग्रह से प्राप्त संकेतों में समान त्रुटियाँ देखेंगे। डीजीपीएस

तकनीक में एक संदर्भ अभिग्राही जो ज्ञात स्थान पर है, से प्राप्त मापन का अंतरी एल्गोरिथ्म के साथ प्रयोग किया जाता है, ताकि दूसरे गतिमान अभिग्राही जो संदर्भ अभिग्राही के आस-पास हैं, के पीवीटी समाधान में समान उपग्रह और संकेत प्रसार की त्रुटियों को दूर किया जा सके। जो अवशेष (Residual) त्रुटियाँ बचती हैं, वे बहु-पथ और अभिग्राही रव (Noise) के कारण होती है। इस तकनीक का उपयोग वास्तविक समय पीवीटी समाधान के और अभिलिखित (Recorded) आँकड़ों के समाधान के लिए किया जा सकता है। अंतरी तकनीक में दो प्राथमिक विविधताएँ हैं जिसमें रेंजिंग कोड मापन और फ़ेज़ (Phase) मापन शामिल है।

a. रेंजिंग कोड डीजीपीएस (आरसीडी) - आरसीडी तकनीक, किसी भी बनावट वाले अभिग्राही में प्रयुक्त की जा सकती है। संदर्भ अभिग्राही से प्राप्त नापों का प्रयोग कर पीवीटी गणना में सुधार किया जाता है ताकि परिशुद्धता बढ़ सके। या तो संदर्भ और प्रयोक्ता अभिग्राही समान उपग्रहों का उपयोग करेंगे या फिर संदर्भ अभिग्राही सभी संभव उपग्रह संयोजन के लिए पीवीटी सुधार प्रसारित करेंगे। वास्तविक समय आरसीडी 1 मीटर तक की परिशुद्धता देने के लिए सक्षम हैं।

b. वाहक फ़ेज़ डीजीपीएस (सीपीडी) - संदर्भ स्टेशन और प्रयोक्ता अभिग्राही के वाहक फ़ेज़ के मध्य के अंतर के मापन द्वारा संदर्भ और प्रयोक्ता अभिग्राही के मध्य का अंतर निकाला जाता है। वास्तविक समय प्रणाली में संदर्भ स्टेशन द्वारा वाहक फेज़ आँकड़े प्रसारित किए जाते हैं। प्रयोक्ता अभिग्राही डबल अंतरी तकनीक द्वारा उपग्रह और अभिग्राही घड़ियों के मध्य के बायस (Bias) को दूर करते हैं। उसके बाद फ़ेज़ अंतर द्वारा संदर्भ अभिग्राही के सापेक्ष में प्रयोक्ता अभिग्राही की स्थिति का निर्धारण करते हैं। पारंपरिक रूप से सीपीडी में अनवरत अभिग्राही का प्रयोग किया जाता है। इस तकनीक को मूलतः सर्वेक्षण में उपयोग के लिए विकसित किया गया था जहाँ पर वास्तविक समय आँकड़ों की आवश्यकता नहीं होती।

   जैसे-जैसे अभिग्राही और संदर्भ स्टेशन के मध्य का अंतर बढ़ते जाएगा, वैसे-वैसे दोनों की एफीमेरिस, आयन और क्षोभ मंडलीय क्षेत्र त्रुटियाँ, आदि का अंतर बढ़ने के लिये दिए जाने वाले सुधार की परिशुद्धता कम होती जाएगी। सुधार की परिशुद्धता, संदर्भ अभिग्राही के जाल (Network) द्वारा बड़े क्षेत्र में बढ़ाई जा सकती है। दूरी के कारण होने वाली परिशुद्धता में कमी की क्षतिपूर्ति करने वाली आरसीडी प्रणाली को व्यापक क्षेत्र अंतर जीपीएस (डबल्यूएडी जीपीएस) प्रणाली कहा जाता है। सीपीडी प्रणाली को लंबी आधार रेखा इंटरफेरोमेट्री (Interferometry) (वीएलबीआई) प्रणाली कहते हैं।

डीजीपीएस अभिग्राही किसी खास अनुप्रयोग को ध्यान में रखते हुये विकसित किए जाते हैं और दूसरे अनुप्रयोगों में प्रयुक्त नहीं होते। इसलिए आवश्यकता की जाँच के बाद किसी भी अभिग्राही की उपयुक्तता और अनुकूलता का मूल्यांकन किया जाना चाहिए।

13.1.6 सर्वेक्षण अभिग्राही

सर्वेक्षण में एक संदर्भ अभिग्राही और दूसरा प्रयोक्ता अभिग्राही होता है। प्रयोक्ता अभिग्राही को एक नए स्थान पर रख कर कुछ समय के लिए आँकड़े एकत्रित किए जाते हैं, ताकि संसाधन के बाद सर्वेक्षण की त्रुटियाँ हटाई जा सके। सर्वेक्षण की इच्छित सटीकता की आवश्यकता के अनुसार अवलोकन का समय कुछ सेकंड से कुछ दिनों तक भी हो सकता है। इसलिए इन अभिग्राही में आँकड़े भंडारण की सुविधा होनी चाहिए।

कई सर्वेक्षण अभिग्राही में स्वयं सर्वेक्षण की क्षमता होती है जिसके द्वारा वे बिना अंतरी अभिग्राही की औसत स्थिति विकसित कर सकते हैं। कुछ अभिग्राही नौसंचालन अभिग्राही के रूप में भी कार्य कर सकते हैं। इसके अलावा डैटम परिवर्तन, पश्च संसाधन और अन्य संबंधित सर्वेक्षण कार्यों के लिए अतिरिक्त सॉफ्टवेयर सुविधा प्रदान करते हैं। सर्वेक्षण अनुप्रयोगों में सर्वेक्षण की शुद्धता प्राप्त करने के लिए दोहरी आवृत्ति (पी कोड) मापन आवश्यक है। चूंकि पी कोड, वाई कोड में उपलब्ध है, कई सर्वेक्षण अभिग्राही कोड रहित तकनीक के उपयोग से योण क्षेत्र में विलंब मापन करते हैं।

13.1.7 एनालॉग/डिजिटल अभिग्राही

पहले के अधिकांश अभिग्राही एनालॉग संकेत संसाधन तकनीक का प्रयोग करते थे, परंतु आधुनिक अभिग्राही जहाँ तक संभव हो, डिजिटल संकेत संसाधन का प्रयोग करते हैं। एनालॉग अभिग्राही में हर ट्रैक किए जा रहे उपग्रह के लिए अलग हार्डवेयर प्रोसेसिंग चैनल लगता है जिसमें एक एनालॉग कोरिलेटर मध्य आवृत्ति (IF) स्टेज और बेस बैंड परिवर्तक (Converter) होता है। डिजिटल अभिग्राही आसानी से दृष्टि में आए सभी उपग्रहों से आँकड़ा अभिग्रहण अभिग्राही (ऑल इन व्यू) के रूप में कार्य कर सकते हैं।

13.1.8 जीपीएस एक छद्म दूरी संवेदक के रूप में

कुछ जीपीएस एकीकृत स्थिति समाधान में उपग्रह छद्म दूरी (Pseudorange) आपूर्ति करते हैं। छद्म दूरी को उपयोग में लाने के लिए कुछ अतिरिक्त आँकड़ों जैसे उपग्रह इफीमेरिस, जीपीएस अभिग्राही घड़ी के पूर्वाग्रह (Bias) की आवश्यकता होती है। यदि सही तरीके से लागू किया जाए तो जब भी 4 से कम उपग्रह ट्रैक हो रहे हों तो जीपीएस संवेदक नौसंचालन समाधान में योगदान कर सकते हैं। ऐसे अभिग्राही एक उपग्रह के माप को नौसंचालन प्रणाली समाधान में शामिल करने से एक आयाम में समाधान सीमित हो सकता है, लेकिन इसे शामिल करने में उच्च कोटि की जटिलता शामिल है।

13.1.9 एकल/दोहरी आवृत्ति अभिग्राही

एकल आवृत्ति अभिग्राही एक आवृत्ति (L1) और दो आवृत्ति अभिग्राही दो आवृत्तियाँ (L1 और L2) ग्रहण कर सकते हैं। एक आवृत्ति की शुद्धता उसकी आवृत्ति पर निर्भर करती है। दो आवृत्ति अभिग्राही की अपेक्षा, एकल आवृत्ति अभिग्राही को अवलोकन सत्र के प्रारंभ में

अस्पष्टता का हल निकालने में अधिक समय लगता है। सारणी 13.1 में एकल और दोहरी आवृत्ति वाले अभिग्राही की तुलना की गई है।

सारणी 13.1: एकल और दोहरी आवृत्ति वाले अभिग्राही की तुलना	
एकल आवृत्ति	दोहरी आवृत्ति
केवल L1 आवृत्ति	L1 और L2 आवृत्ति
सस्ते	महंगे
नागरिक उपयोग	सैन्य उपयोग
आयन मंडल देरी से प्रभावित	आयन मंडल देरी से अप्रभावित
छोटी आधार रेखा के लिए उपयोगी	छोटी और बड़ी दोनों आधार रेखा के लिए उपयोगी
कोडित अभिग्राही	बिना कोड के अभिग्राही

L1 आँकड़ों के लिए करीबन 30 मिनट का समय लग सकता है जबकि दो आवृत्ति में यह समय 1 मिनट से भी कम होता है। दो आवृत्ति अभिग्राही L1 और L2 वाहक फेज़ माप के रैखिक संयोजन से आयन मंडल के कारण हुई देरी को दूर कर सकते हैं और प्रभावी ढंग से 50 किलोमीटर से अधिक आधार रेखा को हल कर सकते हैं। एकल आवृत्ति वाले अभिग्राही सस्ते होते हैं।

दोहरी आवृत्ति वाले अभिग्राही कोड रहित तकनीक के प्रयोग से L2 आवृत्ति को एंटी स्पूफ़िंग (AS) के दौरान उपयोग करते हैं। एएस अमेरिकी रक्षा विभाग की नीति है जिसके तहत पी कोड को कोड रूप (Encrypt) करके, वाई कोड़ में बदला जाता है। इस कारण नागरिक अभिग्राही पी कोड से छद्म दूरी का मापन नहीं कर पाते। किसी अन्य तकनीक के प्रयोग से ही वे L2 में मापन कर पाते हैं। इसलिए सभी दो आवृत्ति वाले अभिग्राही में विशेष संकेत ट्रैकिंग और माप तकनीक के उपयोग से एएस को संभालने (Overcome) की क्षमता होनी चाहिए।

13.1.10 सामुदायिक/अनुप्रयोग आधारित अभिग्राही

अभिग्राही को प्रयोक्ता के आधार पर भी वर्गीकृत किया जा सकता है, जैसे सैन्य, नागरिक, नौसंचालन, समय, जिओडेटिक, सर्वेक्षण आदि।

जिओडेटिक अभिग्राही सर्वेक्षण के लिए उपयोग में आते हैं और इनमें दोनों आवृत्तियों का समावेश होता है। इन अभिग्राही के बारे में निम्नलिखित का ध्यान रखना आवश्यक है–

- किसी भी समय दिखने वाले सभी उपग्रहों के सभी संकेतों की ट्रैकिंग।
- दोनों आवृत्तियों का समावेश, कम फेज़ और कोड रव।
- उच्च आँकड़ा दर (>10 Hz) गति अनुप्रयोग के लिए।

- उच्च भंडारण क्षमता।
- बिजली की कम खपत, कम वजन और आकार।
- एएस के अंदर पूरी परिचालन क्षमता।
- कमजोर संकेतों को ग्रहण करने की सुविधा।
- एक अच्छा ऑफिस एवं जीपीएस में निहित सॉफ्टवेयर।

एक आधुनिक जीपीएस प्रणाली से किसी भी हालत में और कहीं भी सही और शुद्ध मापन संभव होना चाहिए। ये किसी भी अनुप्रयोग में उपयोगी होना चाहिए और इनमें निम्नलिखित विशेषताएँ होना चाहिएः

- 1 पीपीएस समय आउटपुट।
- इवेंट मार्कर (जीपीएस का उपयोग करने के लिए विशेष घटना या स्थान का अंकन)।
- बाह्य आवृत्तियों को स्वीकार करने की क्षमता।
- कंप्यूटर को तेज आँकड़ों का अंतरण।
- कोई केबल कनैक्शन नहीं।
- रेडियो मॉडम।
- मुश्किल मौसम की स्थितियों में काम करने की क्षमता।
- दूसरे निर्माता और अन्य प्रणालियों के साथ अंतरापृष्ठ (इंटरफेज)।
- आसान और उपयोग में लचीलापन (बहु उद्देशीय अनुप्रयोग)।
- लचीली (Flexible) व्यवस्था (तिपाई, खंभे पर, वाहन में आदि)।

13.2 अभिग्राही की संरचना

जीपीएस अभिग्राही में कार्यात्मक रूप से दो तरह की संरचना होनी चाहिए

1. अनुप्रयोग संसाधन के लिए
   a) समय और आवृत्ति हस्तांतरण।
   b) स्थिर और गतिक सर्वेक्षण।
   c) नौसंचालन।
   d) आयन मंडल के कुल इलेक्ट्रॉनकी गणना (टीईसी) की निगरानी।
   e) डीजीपीएस संदर्भ स्टेशन के रूप में कार्य करने की सुविधा।
   f) जीपीएस संकेतों की अखंडता की निगरानी।
2. संकेत संसाधन के लिए
   a) आने वाले संकेतों का कई उपग्रह संकेत में विभाजन।
   b) संदर्भ वाहक की उत्पत्ति।

c) संदर्भ वाहक पीआरएन कोड का उत्पादन।

d) उपग्रह संकेतों का अधिग्रहण।

e) कोड और वाहक की ट्रैकिंग।

f) कोड फेज माप का मान निकालना (Extraction)।

g) वाहक आवृत्ति और फेज़ का मान निकालना।

h) संकेत/रव की जानकारी का मान।

13.3 अभिग्राही का चयन

अभिग्राही का चयन, प्रयोक्ता के अनुप्रयोग पर निर्भर करता है। अभिग्राही की संरचना, निर्माण और क्षमता इच्छित अनुप्रयोग से पूर्ण रूप से प्रभावित होती है। हर अनुप्रयोग के लिए पर्यावरण, संचालन और प्रदर्शन मानकों की जाँच करना आवश्यक है। कुछ प्राचल या पैरामीटर इस प्रकार हैं:

- क्या शॉक और कंपन की स्थिति रहेगी? क्या तापमान और आद्रता की चरम सीमाएँ अनुभव होंगी? क्या वातावरण में नमक की मात्रा अधिक रहेगी?
- प्रयोक्ता नागरिक है या सैन्य? सैन्य प्रयोक्ता के लिए दो आवृत्ति पीपीएस सुविधा उचित रहेगी।
- आवश्यक पीवीटी अद्यतन दर की जानकारी।
- क्या अभिग्राही के बहु-पथ पर्यावरण में कार्य करने की आवश्यकता है? यदि ऐसा है तो बहु-पथ शमन (Mitigation) संकेत संसाधन तकनीक की आवश्यकता होगी।
- किस गतिशील स्थिति (त्वरण और वेग) में अभिग्राही को कार्य करना पड़ेगा? हवाई जहाज में काम कर सकने वाले अभिग्राही में बहु-त्वरण में काम करने की आवश्यकता होती है पर सर्वेक्षण अभिग्राही सामान्य रूप से गतिशील वातावरण के लिए नहीं बनाए जाते।
- क्या डीजीपीएस क्षमता आवश्यक है? ऐसे अभिग्राही की शुद्धता अधिक होती है।
- क्या अनुप्रयोग के लिए भूस्थिरीय उपग्रह आधारित ओवेरले सुविधा जिसे एसबास कहा जाता है के उपग्रह अखंडता, रेंजिंग और डीजीपीएस सूचना के ग्रहण की आवश्यकता है?
- अभिग्राही को बाहरी प्रणाली से जोड़ने की स्थिति में लगने वाला इनपुट/आउटपुट अंतरापृष्ठ उपलब्ध है या नहीं?
- क्या धूप में या रात में आँकड़ों के प्रदर्शन (डिस्प्ले) की सुविधा आवश्यक है?
- क्या स्थानीय डैटम में रूपांतरण की आवश्यकता है? यदि हाँ तो अभिग्राही में वे परिवर्तन उपलब्ध हैं या नहीं?

- उपयोग के लिए सुवाह्यता (Portability) की कितनी आवश्यकता है?
- अभिग्राही का आकार, कीमत, बिजली खपत के बारे में ध्यान रखा गया की नहीं?

किसी भी नियत उद्देश्य के लिए अभिग्राही के चयन के पहले कुछ प्रश्नों के उत्तर पाना आवश्यक है। उन विचारों को 6 श्रेणियों में बाँटा जा सकता है।

1. तकनीकी दिशा-निर्देश
   a. मापन का प्रकार।
   b. एकल या दोहरी आवृत्ति।
   c. अनुक्रमिक या समानांतर चैनल।
   d. चैनल की संख्या।
   e. एंटीना का प्रकार और रव विशेषता।
   f. कोड की शुद्धता/वाहक माप।
2. साथ में आने वाले सॉफ्टवेयर
   a. उपग्रह संभावनाएँ।
   b. अधः भारण या डाउनलोड सुविधा।
   c. पश्च संसाधन विकल्प।
3. फील्ड उपयुक्तता
   a. वजन।
   b. आकार।
   c. मजबूती।
   d. परिचालन तापमान।
   e. बिजली आवश्यकता।
4. आँकड़े प्रविष्टि
   a. भंडारण क्षमता।
   b. अपरिष्कृत और उत्पाद आँकड़ों का भंडारण।
   c. आँकड़ों की दर।
   d. भंडारण का तरीका।
   e. अधः भारण तरीका।
   f. अधः भारित आँकड़ों का प्रकार।

5. अभिग्राही आँकड़े
    a. उपयोग में आसानी।
    b. इच्छित अनुप्रयोग।
    c. स्थिति की निगरानी की क्षमता।
    d. स्टेशन नंबर डालने की सुविधा।
6. व्यापार विचार
    a. गारंटी या वादा।
    b. कीमत।
    c. तकनीकी सहायता।

दी गई सारणी 13.2 में इन सब का विवरण दिया गया है।

सारणी 13.2: अभिग्राही के चयन के लिए प्रश्न और उत्तर

क्रम	सुविधा	सिफारिश	विवरण
1.	आधार नक्शा	अत्यधिक आवश्यक	अभिग्राही की उपयोगिता में वृद्धि।
2.	चैनल	12	तेज और सटीक अधिग्रहण।
3.	बाहरी एंटीना जैक	आधुनिक अभिग्राही के लिये कम आवश्यक	फिर भी उपयोगी।
4.	अंतरफलक	आवश्यक	यूएसबी पोर्ट, सिरियल पोर्ट।
5.	मेमोरी	सिफारिश	विस्तृत नक्शों के प्रदर्शन के लिए।
6.	बिजली स्रोत	बाह्य बिजली स्रोत	लिथियम बैटरी, पुनः चार्ज करने की सुविधा।
7.	घूमने वाला कीपैड या टच स्क्रीन	सिफारिश	तेजी से संचालन के लिए।
8.	स्क्रीन का आकार	बड़ा	रंग, पश्च्य प्रकाश, स्क्रीन रक्षक
9.	जल रोधक	अत्यधिक आवश्यक	आईपीएक्स 7 पानी में आकस्मिक जाने पर 30 मिनट तक कुछ भी न होना।

नौसंचालन के लिए काम में आने वाले जीपीएस अभिग्राही में ब्लूटूथ, यातायात एकीकृत, आवाज दिशा-निर्देश, मार्ग परिवर्तन सलाह सुविधा, पूर्व जानकारी, चोरों से बचाव की सुविधा, अच्छा बैटरी जीवन आदि सुविधाएँ होनी चाहिए।

13.4 उपग्रह चयन के मापदंड

जीपीएस अभिग्राही की बनावट में उपग्रह के चयन का मापदंड एक महत्त्वपूर्ण भूमिका निभाता है। महत्त्वपूर्ण मापदंड जिन पर विचार किया जाना चाहिए, इस प्रकार हैं:

- उपग्रह का स्वास्थ्य।
- ज्यामितीय परिशुद्धता।
- प्रयोक्ता रेंज सटीकता (यूआरए)।
- उन्नयन (Elevation) कोण।
- बाह्य सहायता की उपलब्धता।

नौसंचालन संदेश में जीपीएस उपग्रह समूह के सभी उपग्रहों के स्वास्थ्य की जानकारी रहती है। हर उपग्रह सभी उपग्रहों के बारे में संदेश प्रसारित करते हैं। यदि किसी भी उपग्रह का संदेश "अस्वस्थ है", यह दर्शाता है तब नौसंचालन समाधान के लिए उस उपग्रह का उपयोग नहीं किया जाना चाहिए।

जीडीओपी स्थिति और समय की सटीकता का निर्धारण करने में एक महत्वपूर्ण कारक है। यदि हम यह मानते हैं कि सभी उपग्रह की छद्म दूरी त्रुटि समान है तब उपग्रहों का वह संयोजन जो सबसे कम जीडीओपी देगा, वही सबसे सटीक हल प्रदान करेगा।

हर उपग्रह एक प्रयोक्ता रेंज सटीकता का मान प्रसारित करता है। यह निकट के ऐतिहासिक आँकड़ों पर आधारित होने के कारण सबसे सही होता है। इसमें आयन मंडल से होने वाली त्रुटि की पूर्ति शामिल नहीं है। डीओपी और यूआरए के संयोजन से सही उपग्रहों का चयन किया जा सकता है।

उन्नयन कोण कम होने पर भी ऐसे उपग्रहों का चयन किया जा सकता है कि जीडीओपी कम हो, लेकिन कम कोण वाले उपग्रहों के संकेतों को आयन मंडल में अधिक दूरी तय करना पड़ता है और देरी से होने वाली त्रुटियाँ बढ़ जाती हैं। कुछ अभिग्राही एक नियत कोण से नीचे वाले उपग्रहों का चयन नहीं करते। इससे बहु-पथ की समस्या भी कम हो जाती है।

जब बाहरी सहायता उपलब्ध हो तब उसका उपयोग उपग्रह के चयन के एलगोरिथम में किया जाता है। इसे निश्चित तरीके, वैकल्पिक तरीके या अतिरिक्त उपग्रह के रूप में प्रयोग में लाया जा सकता है। पहले दो तरीके सरल हैं, परंतु अतिरिक्त उपग्रह तरीके में अपेक्षित त्रुटि और ज्यामिति को मॉडेलिंग एलगोरिथम में शामिल किया जाना चाहिए।

अध्याय-14

एंटीना

14.1 एंटीना

एक प्रयोक्ता के दृष्टिकोण से देखे, तो एंटीना जीएनएसएस उपग्रह खंड और उपभोक्ता खंड के मध्य मुख्य अंतरपृष्ठ है जो अंतरिक्ष से प्रेक्षित संकेतों को ग्रहण करते हैं। जीपीएस अभिग्राही में लगा एंटीना उपग्रह से आने वाले विद्युत चुम्बकीय संकेतों को एकत्र कर विद्युत तरंगों में बदलते हैं ताकि अगला भाग (Element) (RF) उन्हें समझ सके। आने वाले संकेतों की तीव्रता बहुत कम होने के कारण एंटीना की दक्षता बहुत महत्वपूर्ण है। इसीलिए ये अधिक संवेदनशील और उच्च गेन वाले होने चाहिए। इनमें L1, L2 या सभी संकेत जिसमें L5 भी शामिल हैं, को एकत्रित करने की क्षमता होनी चाहिए और इनमें दाएँ हाथ के वृत्ताकार ध्रुवीकरण (आरएचसीपी) होने चाहिए।

सभी अभिग्राही में एंटीना होते हैं पर कुछ अभिग्राही बाह्य एंटीना को भी समायोजित कर सकते हैं जो तिपाई या खंभों पर लगे होते हैं। समाक्षीय (Coaxial) केबल से इन्हें जोड़ा जाता है। लंबे केबल के उपयोग से जीपीएस संकेत खो सकते हैं इसलिए साधारणतया केबल एक मानक लंबाई के होते हैं ताकि प्रतिबाधा (Impedance) की गणना हो सके।

आमतौर पर जीएनएसएस अभिग्राही के एंटीना विकरण तत्त्वों से बनाते हैं जो एक सतह पर लगे होते हैं, जिनमें संवर्धक लगा होता है और जो रेडोम से सुरक्षित रहते हैं। एंटीना कई प्रकार के होते हैं और विभिन्न अनुप्रयोगों को अलग-अलग तरह के एंटीना नमूने, प्रौद्योगिकी और स्थान की आवश्यकता हो सकती है। ये छत पर लगे बड़े-बड़े एंटीना से लेकर मोबाइल में निहित एंटीना भी हो सकते हैं। एंटीना के वर्गीकरण के विभिन्न प्रकार हैं:

1. बनावट के आधार पर - पैच, सर्पिल, रेडोम, चक्रीय, कुंडली, ताल, श्रेणी आदि।
2. उपयोग के आधार पर - जियोडेटिक, रोवर, हाथ में रहने वाले अभिग्राही एंटीना।
3. दिशा के आधार पर - सभी दिशा में, एक दिशा में, सेमी दिशा में।

14.1.1 पैच एंटीना

पैच एंटीना साधारणतया गतिमान उपकरण जैसे स्मार्ट फोन में उपयोग में लाए जाते हैं। ये एक पतली माइक्रो स्ट्रिप या सूक्ष्मपट्टी के बने होते हैं जो एकल या दोहरी आवृत्ति पर कार्य कर सकते हैं। पैच एंटीना चक्राकार ध्रुवीकृत नहीं होते हैं, परंतु दो रेखीय ध्रुवीकृत सुवाह्य (पोर्ट) के वर्गाकार उत्तेजन के द्वारा चक्राकार उत्तेजन प्राप्त करते हैं।

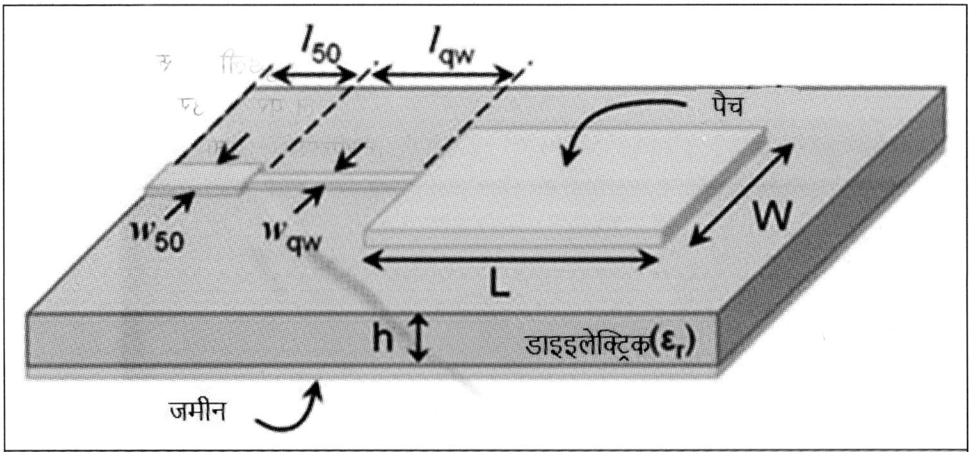

चित्र 14.1: पैच एंटीना

कई अभिग्राही निर्माता माइक्रो स्ट्रिप एंटीना का प्रयोग करते हैं जिसमें अलग-अलग आवृत्ति के पैच लगे होते हैं। ये टिकाऊ, सुगठित और निर्माण में सरल होते हैं। ये 4 से 5 सेंटीमीटर तक छोटे हो सकते हैं।

14.1.2 टर्नस्टाइल घूमने वाले एंटीना

घूमने वाले एंटीना में दो द्वि ध्रुव 90 अंश के फेज़ में होते हैं। एक क्षैतिज घूमने वाला एंटीना अपने तल में ध्रुवीकृत होता है और इसके ऊपर-नीचे विपरीत वृत्ताकार ध्रुवीकरण होता है। इस एंटीना को भू-गणितीय अनुप्रयोगों के लिए एक जमीनी तल की आवश्यकता होती है।

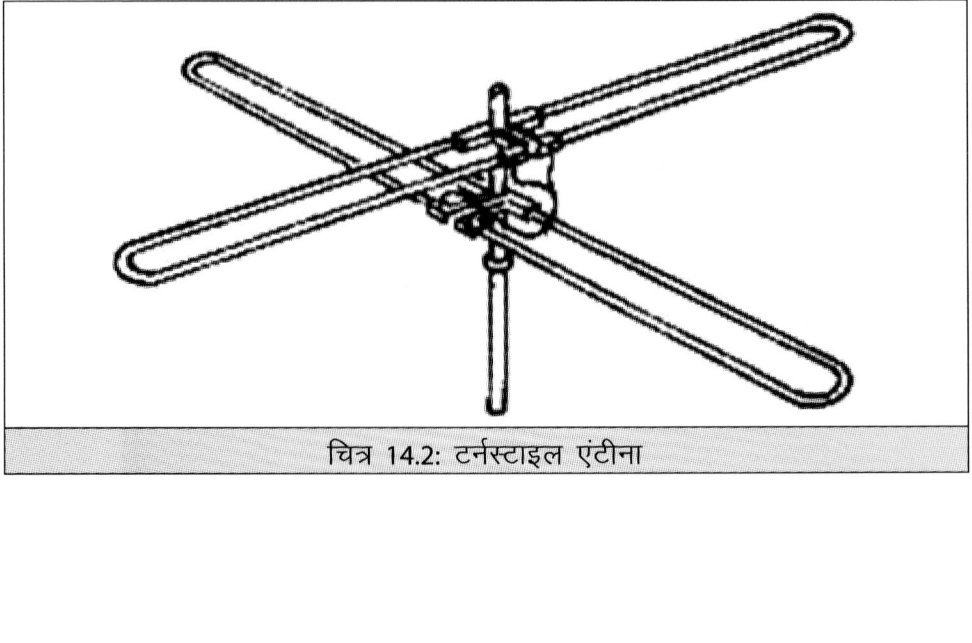

चित्र 14.2: टर्नस्टाइल एंटीना

14.1.3 कुंडली एंटीना

एक बेलन या शंकु के चारों ओर सुचालक तार को लपेट कर कुंडली के रूप में बने एंटीना कुंडली एंटीना कहलाते हैं, जो विन्यास के अनुसार जमीनी तल पर या उसके बिना भी प्रयोग में लाए जा सकते हैं। जीएनएसएस अभिग्राही में ये दिशात्मक एंटीना के रूप में प्रयोग में आते हैं जिसमें विकिरण का पैटर्न एंटीना के अक्ष में रहता है।

चित्र 14.3: कुंडली एंटीना

14.1.4 सर्पिल एंटीना

ये एंटीना आवृत्ति पर निर्भर नहीं होते इसलिए अच्छी बैंड विड्थ प्रदान करते हैं। ये स्वभाव से चक्राकार ध्रुवीकृत होते हैं। चूंकि बुनियादी तत्त्व दोनों गोलार्धों में समान प्रसारण करते हैं, एक जमीनी तल की इसमें आवश्यकता होती है।

चित्र 14.4: सर्पिल एंटीना

14.1.5 रेडोम एंटीना

इस एंटीना में एंटीना के तत्त्वों को एक अर्धगोल गुंबज में रखा जाता है। आमतौर पर कोई स्थान जहाँ पर एंटीना लगा हो, यदि उसे मौसम या अन्य वनजीवों के कारण सुरक्षा चाहिए हो तो रेडोम का प्रयोग किया जाता है। साधारणतया अर्धगोल रेडोम का ही प्रयोग किया जाता है क्योंकि ये फेज के केंद्र की स्थिरता और समरूपता पर बहुत कम प्रभाव डालता है।

चित्र 14.5: अंटार्कटिक में रेडोम एंटीना

14.1.6 चोक रिंग एंटीना

इस एंटीना के मध्य में एक एंटीना तत्त्व होता है जिसके चारों ओर संकेंद्रित सुचालक छल्ले लगे होते हैं जो कि सुरक्षा के लिए एक गुंबज में रहते हैं। ये एंटीना बहु-पथ संकेतों और कम ऊँचाई वाले संकेतों (जमीनी परावर्तन भी) को अस्वीकार करने की क्षमता रखते हैं। नीचे से आने वाले संकेतों को ये परावर्तित कर देते हैं और सतही संकेतों को चोक चैनल की ओर खींचते हैं जहाँ से वे परावर्तित या रद्द होते हैं।

चित्र 14.6: चोक रिंग एंटीना

14.1.7 प्रतिरोधक तल एंटीना

इस एंटीना में अवांछित संकेतों को एंटीना तक न पहुँचने के लिए विद्युत प्रतिरोधों का प्रयोग किया जाता है। तल तक पहुँचने वाले संकेत अपनी सारी ऊर्जा तल तक पहुँचने के पहले खो देते हैं। कम लागत और वजन के साथ ये चोक रिंग एंटीना के समान प्रदर्शन करते हैं।

14.1.8 फेस्ड (Phased) श्रेणी एंटीना

इस एंटीना में कई एंटीना तत्त्व एक श्रेणी में लगे होते हैं और ये अधिकतर सैन्य या अन्य उच्च अनुप्रयोगों में उपयोग में लाए जाते हैं। हर तत्त्व के संकेत को इस तरह से संसाधित किया जाता है कि जब सभी उत्पादी संकेतों को जोड़ा जाए तो प्रभावी विकिरण पैटर्न को किसी एक दिशा में अधिकतम और दूसरी दिशा में निम्नतम किया जा सकता है।

14.1.9 परवलीय (पैराबोलिक) एंटीना

परवलीय एंटीना, टीवी और संचार उपग्रह डिश एंटीना से मिलते जुलते हैं। इसमें एक परवलीय परावर्तक सतह होती है जो रेडियो तरंगों को निर्देशित करती है। ये उपग्रह से आने वाले संदेश किसी एक दिशा से ही प्राप्त कर सकते हैं। इसके दिशा-निर्देश गुण के कारण ये एंटीना निगरानी या अपलिंक के लिए जमीनी एंटीना के रूप में उपयोग में आते हैं।

चित्र 14.7: परवलीय (पैराबोलिक) एंटीना

14.1.10 जियोडेटिक एंटीना

ये बहुत सटीकता वाले एंटीना हैं जो एक निर्दिष्ट स्थान पर लगे होते हैं। सबसे अधिक संभव स्थान परिशुद्धता इसी एंटीना से मिलती है। ये जीपीएस की L1 और L2 और ग्लोनास की आवृत्तियों को ग्रहण कर सकते हैं। साधारणतया इनमें चोक रिंग एंटीना लगा होता है जो बड़ा भारी और कीमती होने के बावजूद इच्छित प्रदर्शन करता है।

चित्र 14.8: जियोडेटिक एंटीना

14.1.11 रोवर एंटीना

ये एंटीना साधारणतया जमीनी सर्वेक्षण, वन सर्वेक्षण, निर्माण व अन्य गतिमान अनुप्रयोगों में प्रयुक्त होते हैं। ये कहीं भी ले जाने की सुविधा के साथ प्रयोक्ता को अच्छी सटीकता प्रदान करते हैं। ये हाथ में पकड़े एक डंडे पर लगे होते हैं। ये एंटीना जिनका वजन चोक रिंग एंटीना से बहुत कम होता है, जियोडेटिक एंटीना के समान उत्कृष्ट फेज़ केंद्र स्थिरता और उच्च बहु-पथ दमन प्रदान करते हैं।

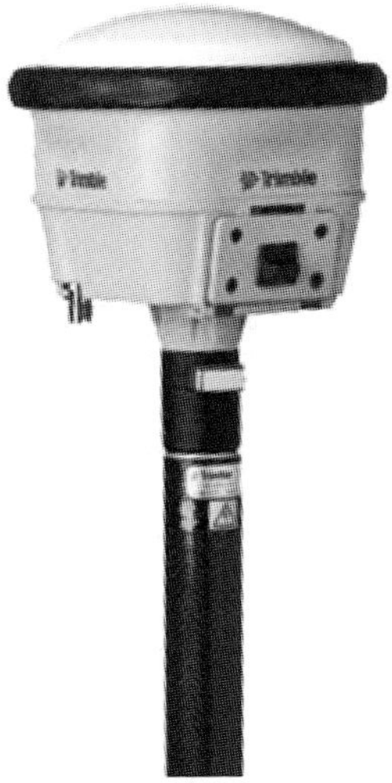

चित्र 14.9: रोवर एंटीना

14.1.12 हाथ में अभिग्राही एंटीना

ये एकल बैंड L1 आवृत्ति वाले एंटीना हैं जिन्हें आकार और कीमत के लिए अनुकूलित किया गया है। इनका विकिरण पैटर्न अर्धगोल (Quasi hemispherical) है। छोटे आकार के कारण इन एंटीना में 3 डीबी का ऋणात्मक गेन होता है। इनमें बिजली बचाने की कुशलता होती है ताकि ये अधिक समय तक कार्य कर सके।

चित्र 14.10: हाथ में अभिग्राही एंटीना

जिओडेटिक, रोवर और हाथ में पकड़े एंटीना के बीच में तुलना सारणी 14.1 में दी है:

सारणी 14.1: जीएनएसएस अभिग्राही तुलना

	जिओडेटिक	रोवर	हाथ में पकड़े अभिग्राही
आवृत्ति बैंड	एकल से बहु ब्रॉडबैंड	एकल से बहु सकरे से ब्रॉडबैंड	एकल बैंड सकरा बैंड
गेन पैटर्न	नियंत्रित	नियंत्रित	अनियंत्रित
बहु-पथ दमन	अधिक	मध्यम	नहीं
संवेदनशीलता	अधिक	मध्यम से अधिक	कम
हस्तक्षेप संभालना	अधिक	मध्यम से अधिक	कम
फेज केंद्र	बहुत आवश्यक	आवश्यक	आवश्यक नहीं
आयाम	बड़ा	वहनीय	बहुत छोटा
वजन	भारी	वहनीय	हल्का
कीमत	अधिक	मध्यम	कम

14.2 जीएनएसएस एंटीना की विशेषताएँ

14.2.1 आवृत्ति क्षेत्र आवरण

वैश्विक नौवहन संचालन तंत्र में जीपीएस, गैलीलियो, ग्लोनास आदि का समावेश है इसलिए एंटीना में सभी आवृत्तियों को ग्रहण करने की क्षमता होनी चाहिए। जैसे ही एंटीना का आवृत्ति क्षेत्र बढ़ता है, इसकी बनावट कठिन होते जाती है। सारणी 14.2 में विभिन्न जीएनएसएस की आवृत्तियों को दर्शाया गया है।

सारणी 14.2: विभिन्न जीएनएसएस की आवृत्तियाँ

प्रणाली	L1	L2	L3	L5/ई5	ई6
जीपीएस	1560-1588	1215-1240	N/A	1164-1189	N/A
ग्लोनास	1592-1615	1237-1257	1194-1209	N/A	N/A
गैलीलियो	1554-1596	N/A	N/A	1145-1238	1258-1300

14.2.2 एंटीना फेज केंद्र

एंटीना के ढाँचे का केंद्र और फेज केंद्र (विद्युत केंद्र) समान होना चाहिए। फेज़ केंद्र वह बिंदु है जहाँ पर सभी किरणें मिलती हुई या निकलती हुई प्रतीत होती हैं। आदर्श रूप में सभी आवृत्तियों के लिए सभी दिशाओं के लिए एंटीना का एक ही फेज़ केंद्र होना चाहिए, परंतु वास्तविकता में ऐसा नहीं होता। फेज केंद्र दिगंश, उपग्रह की ऊँचाई, आने वाले संकेत की तीव्रता से बदल सकते हैं और ये करीबन 1–2 सेंटीमीटर तक हो सकते हैं।

14.2.3 एंटीना गेन पैटर्न

यह रेडियो आवृत्ति ऊर्जा को किसी विशेष दिशा या पैटर्न में निर्देशित या केंद्रित करने की सापेक्ष क्षमता है जिसे आमतौर पर dB में नापा जाता है। अधिकतम विकिरण की दिशा में कितनी शक्ति प्रसारित हो रही है यदि उसकी हम समानुवर्ती (isotropic) स्रोत से तुलना करें तो उसे एंटीना गेन कहते हैं। एक 3dB प्रसारित एंटीना गेन का यह अर्थ है कि समानुवर्ती एंटीना से मिलने वाले पावर से इस समानुवर्ती से 3dB अधिक पावर प्रसारित होगा। उसी तरह से अभिग्राही एंटीना में समानुवर्ती एंटीना से 3dB अधिक पावर आएगा।

अलग शब्दों में अभिग्राही एंटीना के लिए यह किसी दिशा में पावर और समानुवर्ती एंटीना से वितरित हो रहे पावर का अनुपात है। प्रसारण एंटीना के लिए यह किसी भी दिशा में विकिरण की तीव्रता और समानुवर्ती एंटीना द्वारा विकारित पावर का अनुपात है। एंटीना के गेन की स्थानिक विविधता को गेन पैटर्न कहा जाता है। किसी भी दिये हुए एंटीना के लिए पारस्परिकता प्रमेय के तहत ये पैटर्न समान (identical) होते हैं और गेन पैटर्न कहलाते हैं। अभिग्राही सबसे अच्छा कार्य करते हैं जब विभिन्न उपग्रहों से मिले संकेतों की शक्ति में बहुत कम अंतर हो और एंटीना पूरा अर्ध गोलार्ध बिना गेन में परिवर्तन को आवृत्त करे।

14.2.4 वृत्ताकार ध्रुवीकरण

L बैंड की अंतरिक्ष आधारित प्रणालियाँ आमतौर पर संकेतों के प्रसारण और ग्रहण करने के लिए वृत्ताकार ध्रुवीकरण का प्रयोग करती हैं। उपग्रह के पृथ्वी का चक्कर लगाने के कारण संचारण और अभिग्राही एंटीना के मध्य बदलती हुई सापेक्ष अनुस्थिति ध्रुवीकरण में कमी (Fading) नहीं लाती जैसा कि रैखिक ध्रुवीकरण संकेत और एंटीना में पाया जाता है। आयन मंडल के कारण होने वाले फैराडे घूर्णन का भी इस पर असर नहीं पड़ता। फैराडे घूर्णन के कारण विद्युत चुम्बकीय क्षेत्र का ध्रुवीकरण बदल जाता है। अंतरिक्ष से आने वाले वृत्ताकार ध्रुवीकरण के संकेत दाएँ या बाएँ हाथ के हो सकते हैं। जीएनएसएस उपग्रह में दाएँ हाथ का वृत्ताकार ध्रुवीकरण (आरएचसीपी) का प्रयोग होने के कारण एंटीना भी आरएचसीपी होते हैं। वृत्ताकार ध्रुवीकरण तरंगें वे तरंगे हैं जहाँ पर विद्युत वेक्टर एक ऐसी काल्पनिक रेखा के आस-पास घूमता है जो तरंग के प्रसार की दिशा में है। आरएचसीपी में हम दाएँ हाथ की मुट्ठी बंद कर अँगूठे को ऊपर कर, ऊपर किया अँगूठा जीपीएस संकेतों के संचरण की दिशा की ओर इंगित करे तो मुड़ी हुई उँगलियाँ घूर्णन की दिशा दिखाएँगी।

चित्र 14.11: जीपीएस उपग्रह से आरएचसीपी संकेत

14.2.5 बहु-पथ दमन

उपग्रह से आने वाले संकेत सीधे जीएनएसएस अभिग्राही एंटीना तक पहुँचते हैं पर कुछ संकेत जमीन, भवन या अन्य बाधाओं से परावर्तित होकर समय की देरी से एंटीना तक पहुँचते हैं, जिसे बहु-पथ दमन कहते हैं। इससे स्थिति की सटीकता में कमी आती है और इससे बचा जाना चाहिए। बहु-पथ संकेत तीन बुनियादी दिशाओं से आ सकता है –

- जमीन से जो एंटीना के पृष्ठ भाग में पहुँचता है।
- जमीन या किसी वस्तु से जो कम ऊँचाई के कोण पर एंटीना तक पहुँचे।
- किसी वस्तु से ऊँची ऊँचाई कोण पर एंटीना तक पहुँचे।

चित्र 14.12 में जमीनी परावर्तन के कारण हुए बहु-पथ को दिखाया गया है।

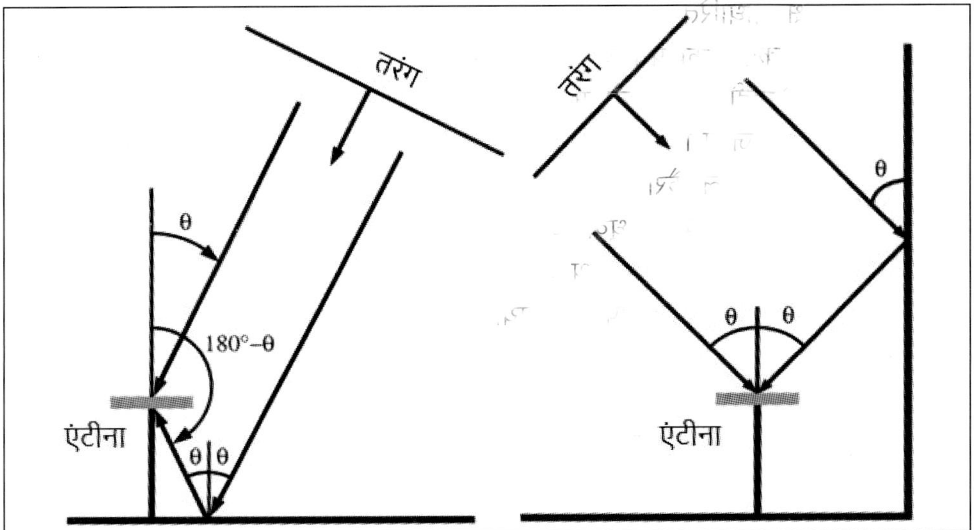

चित्र 14.12: बहु-पथ जमीनी परावर्तक से और खड़े परावर्तक से

अध्याय-15

अनुप्रयोग

जीपीएस के अनुप्रयोगों को 5 वर्गों में विभाजित किया जा सकता है। ये हैं: स्थिति, नौसंचालन, समय, मापन और ट्रैकिंग। हर वर्ग का सैन्य, उद्योग, आवागमन, मनोरंजन और विज्ञान में उपयोग किया जा सकता है।

15.1 स्थिति

यह वर्ग स्थिति निर्धारण के लिए है और वैश्विक स्थिति प्रणाली का सबसे स्पष्ट उपयोग है। जीपीएस प्रणाली वह पहली नागरिक उपयोग की प्रणाली थी जो कहीं भी, किसी भी मौसम में सटीक और सही माप दे सकती थी। इस वर्ग के प्रमुख उदाहरण इस प्रकार हैं:

- ज्वालामुखी और ग्लेशिययर की गति नापना।
- पहाड़ों की वृद्धि को मापना।
- हिमशैल के स्थान को मापना।

15.2 नौसंचालन

एक स्थान से दूसरे स्थान तक जाने की प्रक्रिया नौसंचालन है जिसके लिए जीपीएस की अभिकल्पना की गई और इसे मूर्त रूप मिला। इसके द्वारा हम जल, थल और नभ कहीं पर भी नौसंचालन पा सकते हैं।

15.3 समय

जीपीएस के द्वारा सभी को सटीक समय मिलता है जो प्रत्येक उपग्रह में स्थित परमाणु घड़ी के कारण संभव है। यही कारण है कि हम सभी अपनी घड़ियों को इतनी अच्छी तरह से समकालिक (सिंक्रनाइज) कर सकते हैं और सुनिश्चित करते हैं कि अंतर्राष्ट्रीय घटनाएँ वास्तव में एक ही समय में हो रही हैं।

15.4 मापन

जीपीएस के उपयोग से स्थानों की श्रृंखला रिकॉर्ड कर उनसे मानचित्र बनाया जाता है। डीजीपीएस के उपयोग से बनाए जाने वाले मानचित्र इसका एक उदाहरण हैं।

15.5 ट्रैकिंग

इसके अंतर्गत लोगों और वस्तुओं की स्थिति का निर्धारण होता है जब उन्हें नियमित अंतराल पर ट्रैक किया जाता है। कई बार बेतार संचार के साथ अपराधियों को ट्रैक करने में भी प्रयुक्त होते हैं। यह जानवरों को ट्रैक करने के लिए भी प्रयोग में लाया जाता है।

जीपीएस के प्रयोग से अर्थव्यवस्था के व्यापक स्तर पर उत्पादकता बढ़ती है और जो क्षेत्र इससे प्रभावित होते हैं उनमें खेती, निर्माण, खनन, सर्वेक्षण, पैकेज वितरण और लॉजिस्टिक आपूर्ति श्रृंखला प्रबंधन प्रमुख हैं। प्रमुख संचार नेटवर्क, बैंकिंग सिस्टम, वित्तीय बाजार, और पावर ग्रिड सटीक समय सिंक्रनाइजेशन के लिए जीपीएस पर निर्भर हैं। कुछ वायरलेस सेवाएँ इसके बिना काम नहीं कर सकती हैं।

जीपीएस परिवहन दुर्घटनाओं को रोकने, खोज और बचाव के प्रयासों को सहायता देने और आपातकालीन सेवाओं और आपदा राहत की गति बढ़ाते हुए जीवन बचाता है। अगली पीढ़ी वायु परिवहन प्रणाली के लिए जीपीएस महत्त्वपूर्ण है जो एयरस्पेस क्षमता बढ़ाने के दौरान उड़ान सुरक्षा में वृद्धि करेगा। जीपीएस के द्वारा वैज्ञानिक अनुमान जैसे मौसम पूर्वानुमान, भूकंप की निगरानी और पर्यावरण संरक्षण में सहायता मिलती है।

जीपीएस अनुप्रयोगों के कई उदाहरण हैं और हर दिन नए-नए प्रयोगों में इसका उपयोग हो रहा है।

15.6 कृषि

ग्लोबल पोजिशनिंग सिस्टम (जीपीएस) और भौगोलिक सूचना प्रणाली (जीआईएस) के संयोजन से सटीक कृषि या साइट-विशिष्ट खेती का विकास और कार्यांवयन संभव है। इन तकनीकों से सटीक स्थिति की जानकारी के साथ वास्तविक समय डेटा संग्रह के युग्मन को सक्षम किया जा सकता है, जो कि बड़े पैमाने पर भू-स्थानिक डेटा के कुशल विश्लेषण का कारण बनता है। परिशुद्धता खेती में जीपीएस आधारित अनुप्रयोगों का उपयोग कृषि नियोजन, क्षेत्र मानचित्रण, मिट्टी नमूनाकरण, ट्रैक्टर मार्गदर्शन और उपज मैपिंग के लिए किया जा रहा है। जीपीएस के उपयोग से कम दृश्यता की स्थिति जैसे कि बारिश, धूल, कोहरे और अंधेरे के दौरान भी किसान कार्य कर सकते हैं।

जीपीएस उपकरण निर्माताओं ने किसानों और कृषि व्यवसायियों की सहायता करने के लिए कई उपकरण विकसित किए हैं, जिनकी सहायता से सटीक खेती गतिविधियाँ और उत्पाद अधिक कुशल होते हैं।

15.7 विमानन

उड़ान की सुरक्षा और दक्षता बढ़ाने के लिए पूरे विश्व में विमानन की प्रक्रिया में वैश्विक नौसंचालन प्रणाली का उपयोग करते हैं। अपनी सटीक, निरंतर और वैश्विक क्षमताओं के

साथ, जीपीएस सहज उपग्रह नौसंचालन सेवाएँ प्रदान करता है जो विमानन प्रयोक्ताओं के लिए कई आवश्यकताओं को पूरा करती है। अंतरिक्ष आधारित स्थिति और नौसंचालन से उड़ान के सभी चरण - प्रस्थान, मार्ग और आगमन के लिए तीन आयामी स्थिति निर्धारण सक्षमता मिलती है। इसके प्रमुख लाभ इस प्रकार हैं:

लाभ:

- वैश्विक आधार पर उड़ान के सभी चरणों के लिए निरंतर, विश्वसनीय, और सटीक स्थिति जानकारी की सभी के लिए स्वतंत्र रूप से उपलब्धता।
- एयरस्पेस सेवा प्रदाताओं और एयर स्पेस प्रयोक्ताओं के लिए सुरक्षित, लचीला और ईंधन कुशल मार्ग।
- महंगी जमीनी नौसंचालन सेवाएँ, प्रणाली और सुविधा के उपयोग में कमी।
- स्थिति आंदोलन के संचालन के लिए सुरक्षा में वृद्धि।
- स्थिति संबंधी जागरूकता द्वारा सतही गतिविधि संचालन के दौरान सुरक्षा वृद्धि।
- वृद्धि की क्षमता के कारण अधिक कुशल हवाई यातायात प्रबंधन, विशेष रूप से खराब मौसम के दौरान।
- जीवन सुरक्षा क्षमताओं में वृद्धि।

15.8 पर्यावरण

मानव की जरूरतों को संतुलित करते हुए धरती के पर्यावरण को बनाए रखने के लिए बेहतर और सही समय जानकारी के साथ बेहतर निर्णय लेना आवश्यक है। जीपीएस द्वारा सटीक और समय-समय पर जानकारी एकत्र करने से, सरकार और निजी दोनों संगठनों को लगने वाली चुनौतियों को पूरा करने में मदद मिलती है। जीपीएस से प्राप्त आँकड़ों को जीआईएस सॉफ्टवेयर के द्वारा नक्शों पर दर्शाया जाता है ताकि अन्य जानकारियों के साथ इसका विश्लेषण किया जा सके। इसके द्वारा आग और तेल के फैलाव जैसी आपदाओं की ट्रैकिंग बड़ी कुशलता से की जा सकती है।

15.9 समुद्री

खोज और बचाव कार्य के साथ समुद्री नौसंचालन में जीपीएस का बहुत उपयोग है और इसके कारण विश्व संचालन की परिभाषा ही बदल चुकी है। जहाजियों को नौसंचालन, गति मापन और स्थिति निर्धारण के लिए यह सबसे तेज और सटीक पद्धति प्रदान करता है।

इसके प्रमुख लाभ इस प्रकार हैं:

- अधिक कुशल ट्रैफ़िक रूटिंग के माध्यम से तेज और सटीक स्थिति, राह और गति की जानकारी, नेविगेटर का समय और ईंधन बचाता है।
- नाव चालकों को सटीक नौसंचालन जानकारी प्रदान करना
- बंदरगाह सुविधाओं में कंटेनर प्रबंधन के लिए दक्षता और अर्थव्यवस्था को बढ़ाना

15.10 जन सुरक्षा और आपदा राहत

समय किसी भी सफल बचाव अभियान का महत्त्वपूर्ण घटक है। स्थलों, सड़कों, भवनों, आपातकालीन सेवा संसाधनों और आपदा राहत स्थलों के सटीक स्थान को जानने से राहत में लगने वाले समय को कम किया जा सकता है। जीपीएस इस आवश्यकता को पूरा करने में एक सुविधा प्रौद्योगिकी के रूप में कार्य करता है। खोज और बचाव दल बचाव और सहायता अभियान के लिए आपदा क्षेत्रों के मानचित्र बनाने के लिए और नुकसान का आकलन करने के लिए जीपीएस, भौगोलिक सूचना प्रणाली (जीआईएस) और सुदूर संवेदन तकनीक का प्रयोग करते हैं।

15.11 रेल आवागमन

पूरे विश्व में जीपीएस के उपयोग से रेल आवागमन का संचालन किया जाता है। अन्य संवेदक, कंप्यूटर और संचार सेवाओं के साथ मिल कर जीपीएस रेल सुरक्षा और संचालन प्रभावशीलता को बढ़ाता है।

15.12 मनोरंजन

जीपीएस के उपयोग से एक सटीक स्थान निर्धारण की क्षमता मिलती है जिसके द्वारा आम मनोरंजन से जुड़ी गतिविधियों में निहित खतरों को दूर कर दिया है। इसके द्वारा सही स्थान पर पहुँचने के कारण बाहरी गतिविधियों का आनंद बढ़ गया है। बाहरी गतिविधियों में सभी इस प्रणाली का उपयोग करते हैं। अंधेरे और प्रतिकूल परिस्थितियों में भी ये अच्छे से कार्य करते हैं।

15.13 सड़क आवागमन

वैश्विक नौसंचालन प्रणाली की उपलब्धता और सटीकता राजमार्गों, सड़कों और ट्रांसिट प्रणालियों में बढ़ती क्षमता और सुरक्षा प्रदान करती है। जीपीएस की सहायता से वाणिज्यिक वाहनों की रूटिंग और प्रेषण से जुड़ी कई समस्याएँ काफी कम या समाप्त हो जाती हैं। एक कार डैशबोर्ड जीपीएस में लगायी गई नौसंचालन प्रणाली द्वारा स्वचालित वाहन स्थान और वाहन नौसंचालन प्रणाली के लिए पूरी दुनिया में व्यापक रूप से उपयोग किया जाता है। प्रणाली के साथ जीपीएस स्थिति प्रौद्योगिकी के साथ भौगोलिक सूचना प्रौद्योगिकी के संयोजन से सतह परिवहन में एक नया आयाम आया है।

संदर्भ

- Conley, R,. Cosentino, R., Hegarty, C.J., Leva, J.L., de Haag, M.U., Van Dyke, K., 2006. Performance of standalone GPS. In: Kaplan, E.D., Hegarty, C.J. (Eds.), Understanding GPS Principles and Applications, second ed. Artech House, Boston, MA, USA.
- http://daysprogress.blogspot.in/2013/06/IRNSS-India-Navigation-System-GPS.html.
- http://gpsworld.com/gnss-systemreceiver-designinnovation - gnss-antennas-8480/ - For GNSS antenna properties.
- http://www.gps.gov/applications.
- http://www.navipedia.net/index.php/Antennas.
- http://www.radio-electronics.com/info/satellite/gps/ signals-php - जीपीएस संकेत।
- https://en.wikipedia.org/wiki/GPS_signals - जीपीएस संकेत।
- https://www.e-education.psu.edu/geog862/node/1741 - जीपीएस संकेत।
- https://www.e-education.psu.edu/geog862/node/1784 - GPS and GNSS for Geospatial Professionals.
- www.isro.gov.in.
- Understanding satellite navigation by Rajat Acharya. Elsevier Publications.
- Understanding the GPS by Gregory T French, 1996, Geo research Inc.
- Global Navigation Satellite systems by GS Rao, 2010, Tata McGrow Hill Education.

- असंदर्भित चित्रों का स्त्रोत विकिपीडिया है अतः कुछ चित्रों के नीचे संदर्भ इंगित नहीं किया गया है।